기적의 계산법

예비초등 2권

예비초등생을 위한 연산 공부법

1 생활 속 계산으로 수, 연산과 친해지기

아이들은 아직 논리적, 추상적 사고가 발달하지 않았기 때문에 직관적인 범위를 벗어나는 수에 관한 문제나 추상적인 기호로 표현된 수식은 이해하기 힘듭니다. 아이들에게 수식은 하나하나 해석이 필요한 외계어일뿐입니다. 일상생활에서 쉽게 접할 수 있는 과자나 장난감 등을 이용해 보세요. 이때 늘어나고 줄어드는 수량의 변화를 덧셈, 뺄셈으로 나타낸다는 것을 함께 알려 주세요. 구체적인 상황을 수식으로 연결짓는 훈련을 하면 아이들이 쉽게 수식을 이해할 수 있습니다.

▷ 생활 속 수학 경험

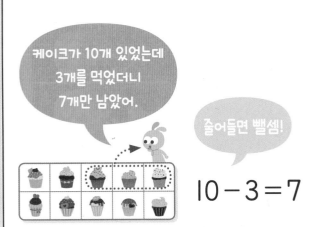

케이크가 10개 있었는데 3개를 먹었더니 7개만 남았어.

줄어들면 뺄셈!

$$10 - 3 = 7$$

수학자신감

2 스스로 조작하며 연산 원리 이해하기

말로 연산 원리를 설명하지 마세요. 아이들은 장황한 설명보다 직접 눈으로 보고, 손으로 만지는 경험을 통해 원리를 더 쉽게 깨닫습니다.

덧셈과 뺄셈의 원리를 아이들이 이해하기 쉽게 시각화한 수식 모델로 보여 주면 엄마가 말로 설명하지 않아도 스스로 연산 원리를 깨칠 수 있습니다.

수식을 보고 직접 손가락을 꼽으면서 세어 보거나 스티커나 과자 등의 구체물을 모으고 가르는 조작 활동은 연산 원리를 익히는 과정이므로 충분히 연습하는 것이 좋습니다.

▷ 연산 시각화 학습법

1단계 손가락 모델 ➡ 2단계 기호가 있는 수식

$$➡ 4 + 2 = 6$$

손가락 인형 4개와 2개는 모두 6개!

4 더하기 2는 6!

수학자신감

초등학교 1학년 수학 내용의 80%는 수와 연산입니다.
연산 준비가 예비초등 수학의 핵심이죠.
입학 준비를 위한 효과적인 연산 공부 방법을 알려 드릴게요.

3 반복연습으로 수식 계산에 익숙해지기

아이가 한 번에 완벽히 이해했을 것이라고 생각하면 안 됩니다. 당장은 이해한 것 같겠지만 돌아서면 잊어버리고, 또 다른 상황을 만나면 전혀 모를 수 있습니다. 원리를 깨쳤더라도 수식 계산에 익숙해지기까지는 꾸준한 연습이 필요합니다.

느리더라도 자신의 속도대로, 자신만의 방법으로 정확하게 풀 수 있도록 지도해 주세요. 이때 매일 같은 시간에, 같은 양을 학습하면서 공부 습관도 잡아주세요. 한 번에 많이 하는 것보다 조금씩이라도 매일 꾸준히 반복적으로 학습하는 것이 더 좋습니다.

▶ 4day 반복 학습설계

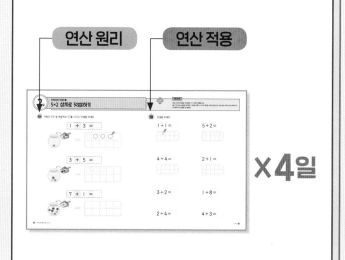

4 수학 교과서 속 연산 활용까지 알아보기

1학년 수학 교과서를 보면 기초 계산 문제 외에 응용 문제나 문장제 같은 다양한 유형들이 있습니다. 이와 같은 문제는 낯선 수학 용어의 의미를 모르거나 무엇을 묻는 것인지 문제 자체를 이해하지 못해 틀리는 경우가 많습니다.

기초 계산 문제를 넘어 연산과 관련된 수학 용어의 의미, 수학 용어를 사용하여 표현하는 방법, 기호로 표시된 수식을 해석하는 방법, 문장을 식으로 나타내는 방법 등 연산을 활용하는 방법까지 알려 주는 것이 좋습니다. 다양한 활용 문제를 익히면 어려운 수학 문제가 만만해지고 수학자신감이 올라갑니다.

▶ 미리 보는 1학년 연산 활용

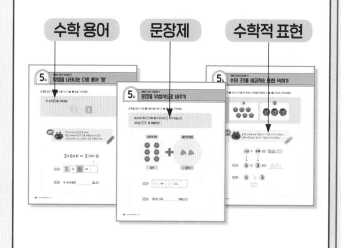

수학자신감

수학자신감

권별 학습 구성

<기적의 계산법 예비초등>은 초등 1학년 연산 전 과정을 학습할 수 있도록 구성된 연산 프로그램 교재입니다. 권별, 단계별 내용을 한눈에 확인하고 차근차근 공부하세요.

권	학습단계	학습주제	1학년 연산 미리보기	초등 연계 단원
1권	1단계	10까지의 수	수의 크기를 비교하는 표현 익히기	[1-1] 1. 9까지의 수 3. 덧셈과 뺄셈
	2단계	수의 순서	순서를 나타내는 표현 익히기	
	3단계	수직선	세 수의 크기 비교하기	
	4단계	연산 기호가 없는 덧셈	문장을 그림으로 표현하기	
	5단계	연산 기호가 없는 뺄셈	비교하는 수 문장제	
	6단계	+, −, = 기호	문장을 식으로 표현하기	
	7단계	구조적 연산 훈련 ①	1 큰 수 문장제	
	8단계	구조적 연산 훈련 ②	1 작은 수 문장제	
2권	9단계	2~9 모으기 가르기 ①	수를 가르는 표현 익히기	[1-1] 3. 덧셈과 뺄셈
	10단계	2~9 모으기 가르기 ②	번호를 쓰는 문제 '객관식'	
	11단계	9까지의 덧셈 ①	덧셈을 나타내는 다른 용어 '합'	
	12단계	9까지의 덧셈 ②	문장을 덧셈식으로 바꾸기	
	13단계	9까지의 뺄셈 ①	뺄셈을 나타내는 다른 용어 '차'	
	14단계	9까지의 뺄셈 ②	문장을 뺄셈식으로 바꾸기	
	15단계	덧셈식과 뺄셈식	수 카드로 식 만들기	
	16단계	덧셈과 뺄셈 종합	계산 결과 비교하기	
3권	17단계	10 모으기 가르기	짝꿍끼리 선으로 잇기	[1-1] 5. 50까지의 수 [1-2] 2. 덧셈과 뺄셈(1) 6. 덧셈과 뺄셈(3)
	18단계	10이 되는 덧셈	수 카드로 덧셈식 만들기	
	19단계	10에서 빼는 뺄셈	어떤 수 구하기	
	20단계	19까지의 수	묶음과 낱개 표현 익히기	
	21단계	십몇의 순서	사이의 수	
	22단계	(십몇)+(몇), (십몇)−(몇)	문장에서 덧셈, 뺄셈 찾기	
	23단계	10을 이용한 덧셈	연이은 덧셈 문장제	
	24단계	10을 이용한 뺄셈	동그라미 기호 익히기	
4권	25단계	10보다 큰 덧셈 ①	더 큰 수 구하기	[1-2] 2. 덧셈과 뺄셈(1) 4. 덧셈과 뺄셈(2)
	26단계	10보다 큰 덧셈 ②	덧셈식 만들기	
	27단계	10보다 큰 덧셈 ③	덧셈 문장제	
	28단계	10보다 큰 뺄셈 ①	더 작은 수 구하기	
	29단계	10보다 큰 뺄셈 ②	뺄셈식 만들기	
	30단계	10보다 큰 뺄셈 ③	뺄셈 문장제	
	31단계	덧셈과 뺄셈의 성질	수 카드로 뺄셈식 만들기	
	32단계	덧셈과 뺄셈 종합	모양 수 구하기	
5권	33단계	몇십의 구조	10개씩 묶음의 수 = 몇십	[1-1] 5. 50까지의 수 [1-2] 1. 100까지의 수 6. 덧셈과 뺄셈(3)
	34단계	몇십몇의 구조	묶음과 낱개로 나타내는 문장제	
	35단계	두 자리 수의 순서	두 자리 수의 크기 비교	
	36단계	몇십의 덧셈과 뺄셈	더 큰 수, 더 작은 수 구하기	
	37단계	몇십몇의 덧셈 ①	더 많은 것을 구하는 덧셈 문장제	
	38단계	몇십몇의 덧셈 ②	모두 구하는 덧셈 문장제	
	39단계	몇십몇의 뺄셈 ①	남은 것을 구하는 뺄셈 문장제	
	40단계	몇십몇의 뺄셈 ②	비교하는 뺄셈 문장제	

차례

9 단계

2~9 모으기 가르기 ❶

한 자리 수의 가르기를 공부합니다. 수 가르기에서는 짝꿍수를 잘 찾는 것이 중요해요. 모았을 때 5가 되는 두 수를 찾는다면 '1과 4(또는 4와 1)', '2와 3(또는 3과 2)'이 5의 짝꿍수가 됩니다. 구체물로 2부터 9까지의 수를 차례로 가르면서 연습하고, 익숙해지면 머릿속에서 짝꿍수를 바로 바로 떠올릴 수 있게끔 확인하는 것이 좋습니다.

연산 시각화 모델

수 가지 모델

나뭇가지가 갈라지는 것처럼 수를 다른 두 수로 가르는 모습을 나타낸 모델입니다. "위의 수를 아래 두 수로 가른다"는 뜻으로 덧셈과 뺄셈을 배우기 전 꼭 연습하는 것이 좋습니다.

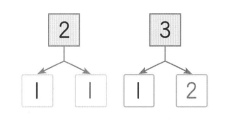

연속 분할 모델(영역 짓기)

하나의 수를 둘로 가르는 짝꿍수를 한눈에 알아볼 수 있도록 만든 연속 분할 모델입니다. 영역을 여러 방법으로 연속해서 가르는 활동을 통해 그 안의 규칙을 발견하고 수를 여러 가지 방법으로 가를 수 있음을 아이 스스로 깨닫게 합니다.

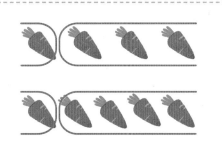

원리 한 손의 손가락은 **5**개예요. 손가락을 보고 빈 곳에 알맞은 수를 쓰세요.

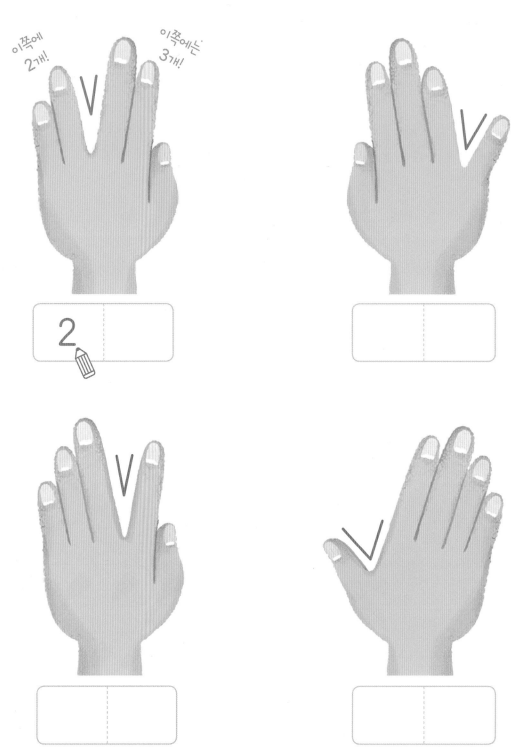

이쪽에
2개!

이쪽에는
3개!

2	

모으기와 가르기를 몸의 일부인 손가락으로 시작하면 아이들이 좀더 친숙하고 쉽게 생각할 수 있습니다. 한 손의 손가락 5개를 여러 수로 직접 가르는 연습을 하면서 5를 두 수로 가르는 방법을 익히고 수 감각을 키우세요.

 적용 펼친 손가락이 모두 **5**개가 되도록 알맞은 스티커를 붙이고 수를 쓰세요.

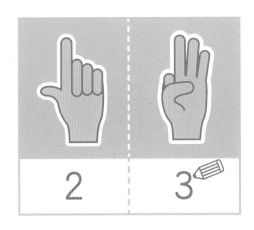

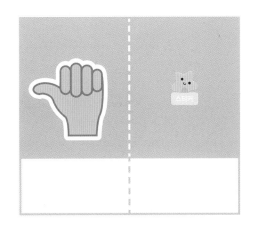

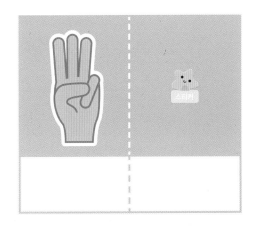

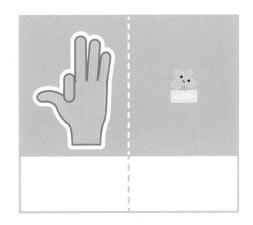

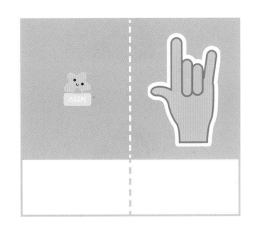

2~9 모으기 가르기 ❶
2, 3, 4, 5 가르기

 피자 조각을 접시 **2**개에 나누어 담아요.
빈 접시에 담을 수만큼 △을 그리고, 빈 곳에 알맞은 수를 쓰세요.

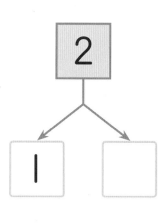

피자 **3**조각은
두 가지 방법으로
나누어 담을 수 있지!

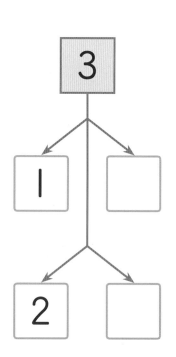

원리 당근을 봉투 2개에 나누어 담으려고 해요.
⊃⊂를 그려서 당근을 나누고, 빈 곳에 알맞은 수를 쓰세요.

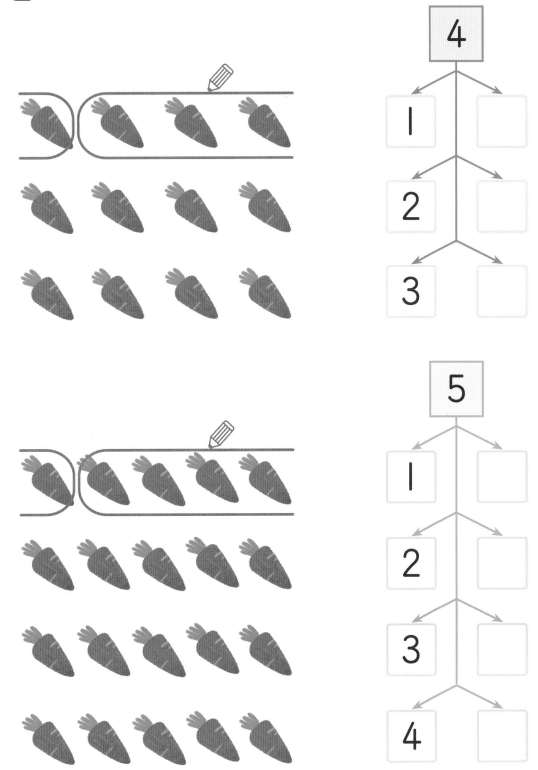

원리 9에서 모자란 만큼 연결 모형 스티커를 붙이고, 빈 곳에 알맞은 수를 쓰세요.

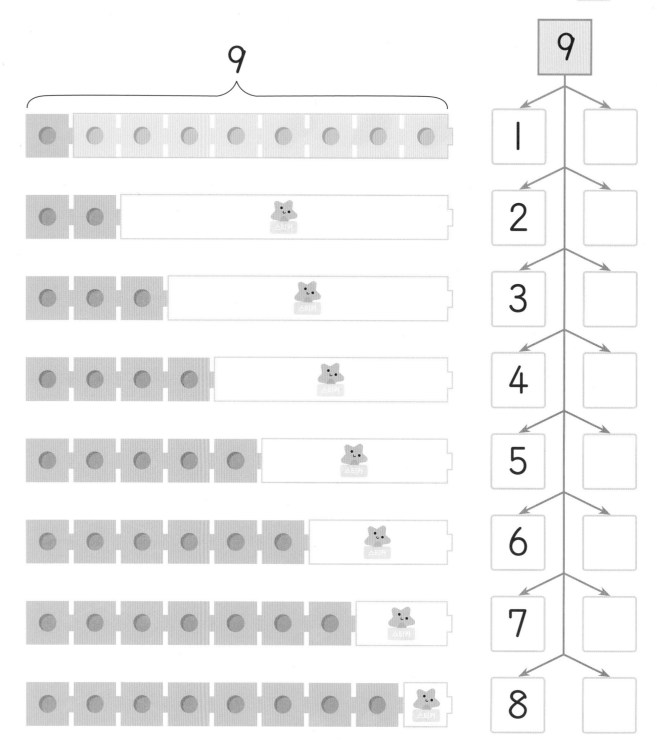

지도가이드

6부터 9까지의 수를 각각 두 수로 가르는 방법을 공부합니다. 아이가 구체물 없이 수만 보고 가르기 하는 것을 아직 어려워한다면 도미노나 연결 모형, 바둑돌 등을 이용하여 수 가르기가 익숙해질 때까지 연습하는 것도 좋습니다.

 6, 7, 8을 두 수로 가르기 하세요.

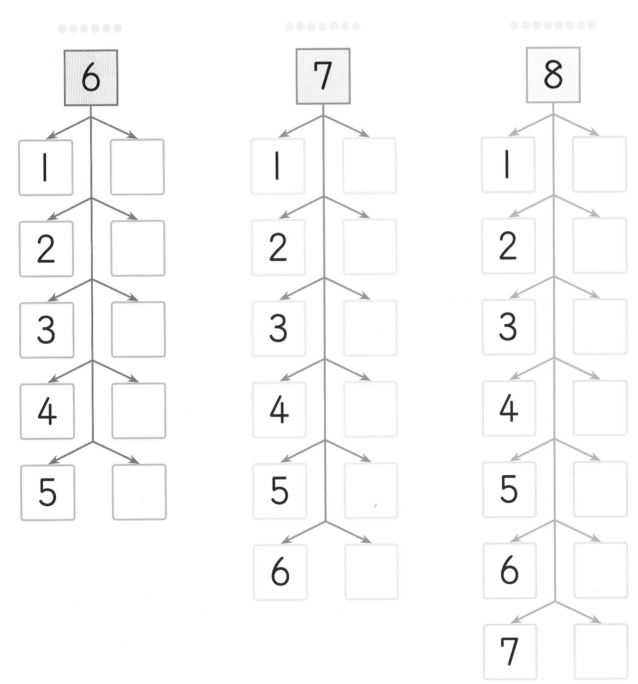

2~9 모으기 가르기 ❶
짝꿍수 찾기

적용 양쪽의 두 수를 모아서 가운데 수가 되도록 빈 곳에 알맞은 수를 쓰세요.

하나의 수를 두 수로 가르거나 두 수를 하나로 모으는 활동은 짝꿍수를 찾는 활동과 같습니다.
우리 주변에서 쉽게 찾을 수 있는 도미노나 블록, 바둑돌, 수 카드 등으로 놀이하듯 재미있게 다양한 활동
을 해 보세요.

 모아서 ● 안에 있는 수가 되도록 왼쪽과 오른쪽의 수 카드를 선으로 연결하세요.

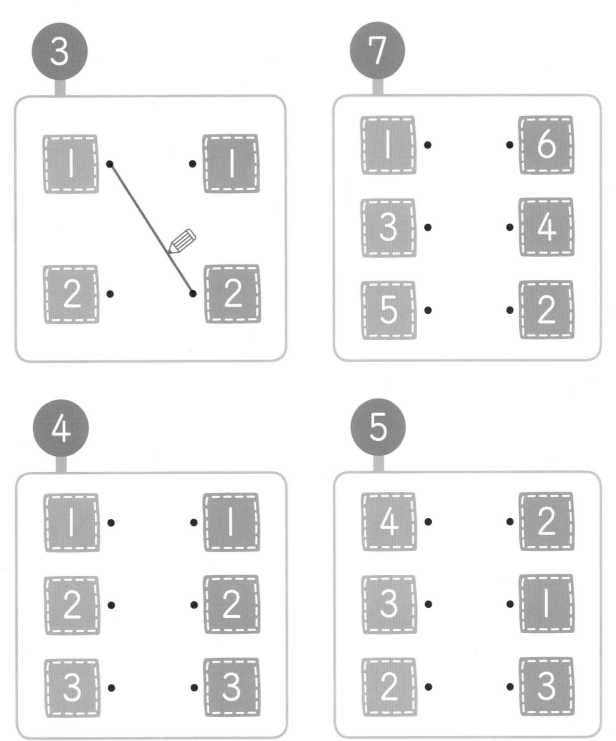

그림을 보고 ❶ 가르기 한 수를 찾고 ➡ ❷ 문장을 완성하세요.

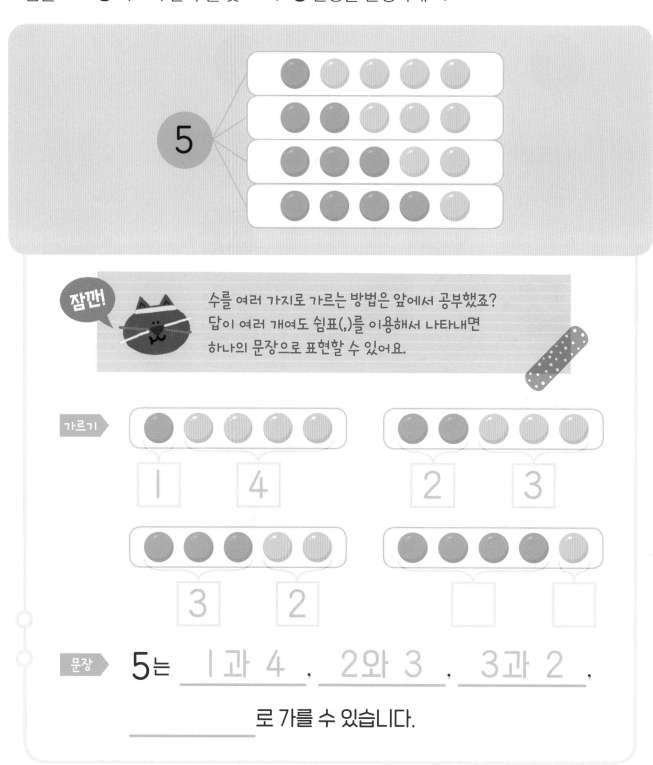

잠깐!

수를 여러 가지로 가르는 방법은 앞에서 공부했죠?
답이 여러 개여도 쉼표(,)를 이용해서 나타내면
하나의 문장으로 표현할 수 있어요.

가르기

| 1 | 4 | | 2 | 3 |

| 3 | 2 | | | |

문장 ▶ 5는 _____1과 4_____ , _____2와 3_____ , _____3과 2_____ ,

_____ 로 가를 수 있습니다.

그림을 보고 ❶ 가르기 한 수를 찾고 ➡ ❷ 문장을 완성하세요.

문장 **3**은 _____ , _____ 로

가를 수 있습니다.

문장 **4**는 _____ , _____ , _____

로 가를 수 있습니다.

10 단계

2~9 모으기 가르기 ❷

어떻게 공부할까요?

공부할 내용	공부한 날짜	확인
1일 공 모으기 기계	월 일	
2일 공 가르기 기계	월 일	
3일 수 구슬 모으기	월 일	
4일 수 구슬 가르기	월 일	
5일 1학년 연산 미리보기 번호를 쓰는 문제 '객관식'	월 일	

앞 단계에 이어 한 자리 수의 모으기와 가르기를 공부합니다.

수 모으기와 가르기는 연산 영역에서 두 가지 중요한 의미를 갖습니다.

첫째, 덧셈과 뺄셈의 기초가 됩니다. 3과 2를 모아 5를 만들거나 4를 1과 3, 2와 2로 가르는 것처럼 수를 결합하고 쪼개는 연습을 통해 연산 개념을 쉽게 이해할 수 있습니다.

둘째, 수에 대한 감각을 키우고 수 사이의 관계를 파악할 수 있습니다. '1과 2를 모아 3이 되는 것'과 '3을 2와 1로 가르는 것'이 서로 같다는 것을 알면 수를 일일이 세지 않더라도 1과 2를 더하면 3이 되고, 3에서 2를 빼면 1, 3에서 1을 빼면 2가 된다는 사실을 자연스럽게 파악할 수 있습니다.

연산 시각화 모델

도트 가합기 / 분배기 모델

수 모으기와 가르기를 기계 형태로 형상화한 모델입니다. 함께 익히게 될 '수 가지 수식'과 구조적으로 같기 때문에 그 원리를 바로 이해할 수 있습니다. 수를 모으거나 가르더라도 전체를 나타내는 수는 달라지지 않는다는 사실에 주의하세요.

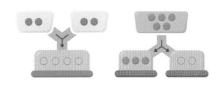

수 구슬 가합 / 분할 모델

수량을 직관적으로 파악할 수 있는 수 구슬 모델은 '수 가지 수식'에서 답을 구하는 데 유용합니다. 수식을 간단한 이미지로 나타내는 훈련을 하는 것은 복잡한 문장으로 되어 있는 문제를 도식화하는 데 많은 도움이 됩니다.

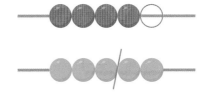

2~9 모으기 가르기 ❷
공 모으기 기계

원리 위의 두 칸에 공을 넣으면 아래 칸에서 모여요. 모인 공의 수만큼 빈 곳에 ◯를 그리세요.

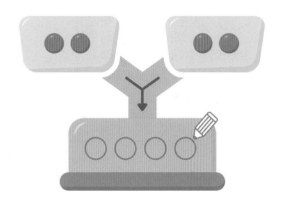

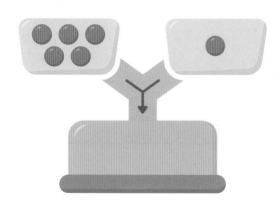

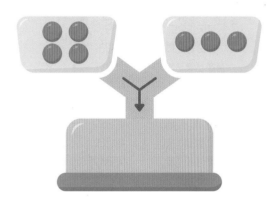

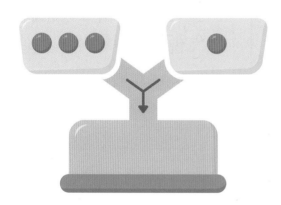

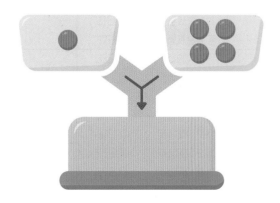

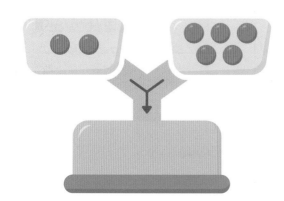

지도가이드

위의 두 칸에 공을 각각 넣으면 또르르 굴러 아래의 한 칸에 공이 모두 모이는 '공 모으기 기계'입니다. 수 모으기를 직관적으로 파악할 수 있으므로 실제 블록이나 공을 활용하여 이해를 돕는 것도 좋습니다. "아래 에 모두 모이면 몇 개가 되지?"라고 질문하면서 아이가 자연스럽게 이해할 수 있도록 도와주세요.

적용 수를 모으세요.

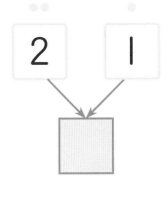

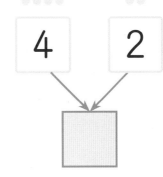

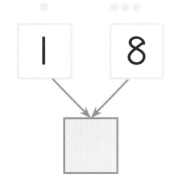

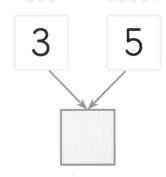

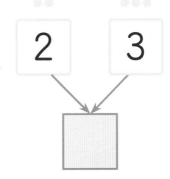

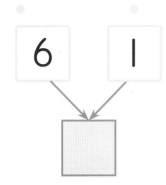

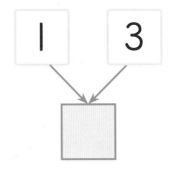

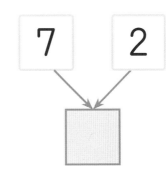

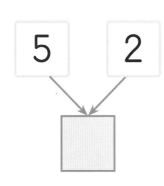

공 가르기 기계

 위 칸에 공을 넣으면 아래 두 칸으로 나뉘어요. 나뉜 공의 수만큼 빈 곳에 ◯를 그리세요.

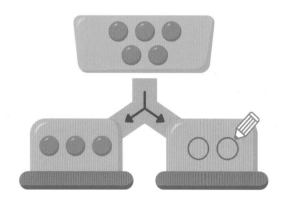

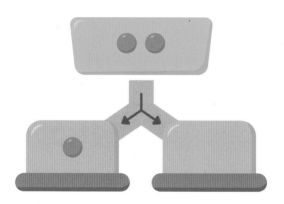

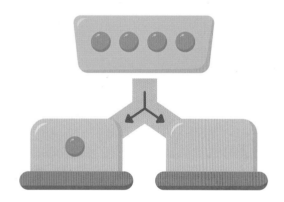

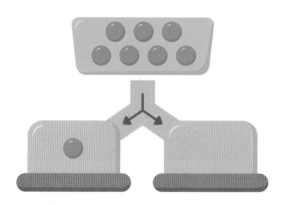

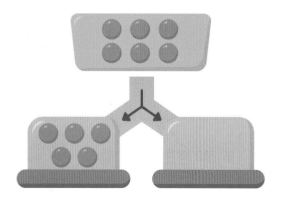

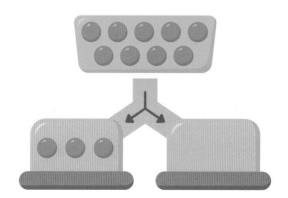

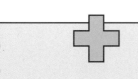

지도가이드

공 모으기 기계와 반대로 위의 한 칸에 공을 넣으면 또르르 굴러 아래의 두 칸으로 공이 각각 나누어지는 '공 가르기 기계'입니다. 아이에게 "비어 있는 곳에는 공이 몇 개 들어갔을까?"라고 질문하면서 도트 분배기 모델을 이해할 수 있도록 도와주세요.

 수를 가르세요.

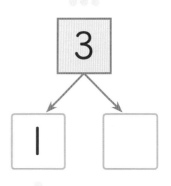

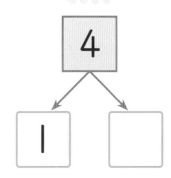

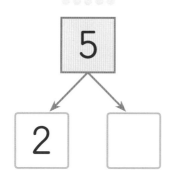

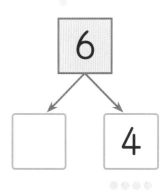

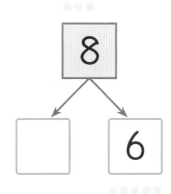

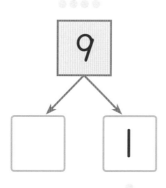

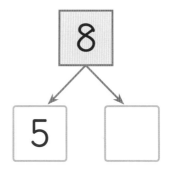

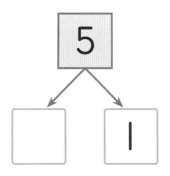

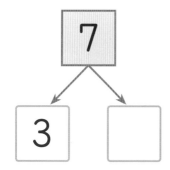

원리 위의 두 수만큼 구슬을 모아요. ◯를 그리고, 빈 곳에 알맞은 수를 쓰세요.

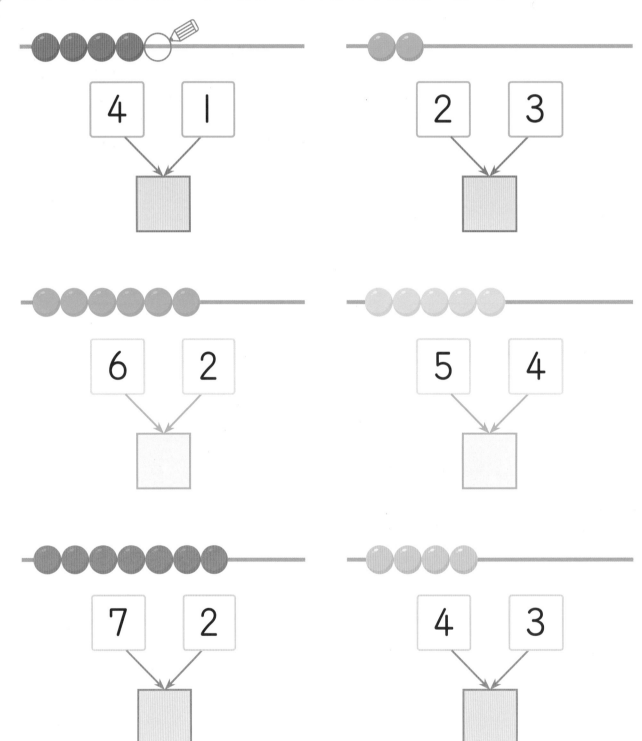

지도가이드

구슬 모으기 모델을 통해 수 모으기 활동의 원리를 한번 더 익힙니다. 구슬을 각 수에 맞추어 그린 후 전체의 수를 세어 수 모으기를 하는 원리입니다. 실생활에서는 바둑돌이나 사탕처럼 주변에서 쉽게 찾을 수 있는 물건을 활용하는 것도 좋습니다.

적용 수를 모으세요.

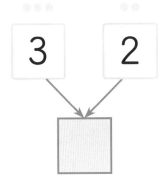

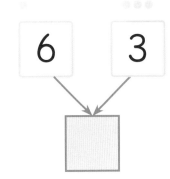

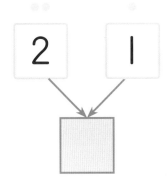

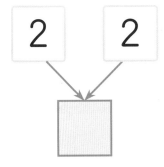

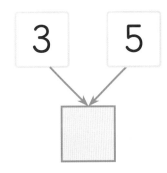

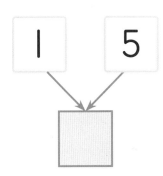

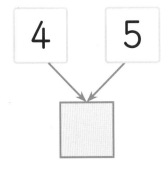

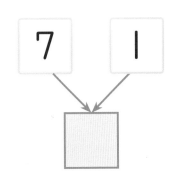

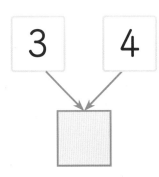

4일 2~9 모으기 가르기 ❷
수 구슬 가르기

원리 위의 수를 아래 두 수로 갈라요. /을 그려 구슬을 나누고, 빈 곳에 알맞은 수를 쓰세요.

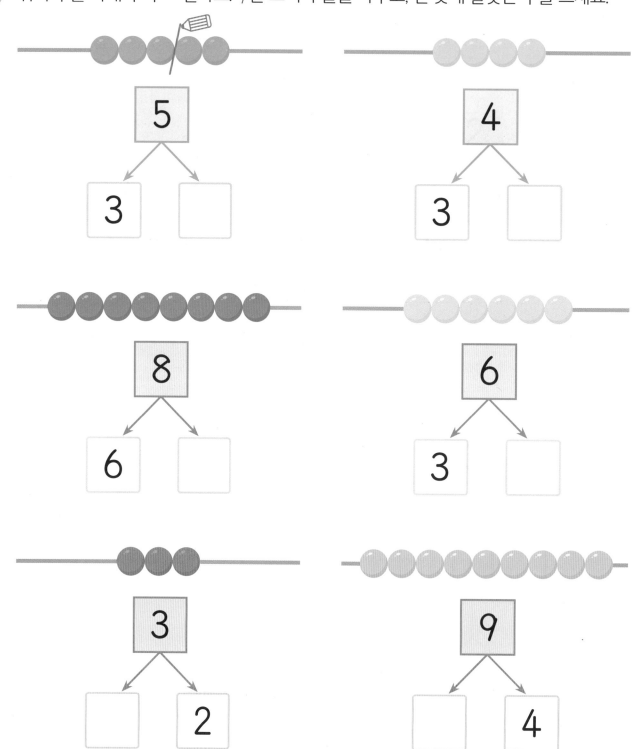

지도가이드

아래 두 수가 3과 □인 경우에는 왼쪽에서부터 3을 세어 /을 그리고 오른쪽에 남겨진 수를 셉니다. 또한 아래 두 수가 □와 2인 경우에는 오른쪽에서부터 2를 세어 /을 그리고 왼쪽에 남은 수를 셉니다. 교구를 이용한다면 직접 옆으로 밀거나 덜어내면서 연습하는 것도 좋습니다.

적용 수를 가르세요.

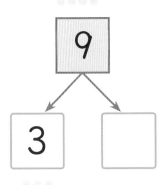

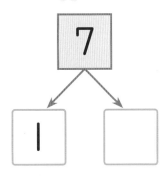

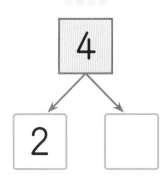

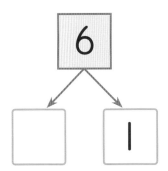

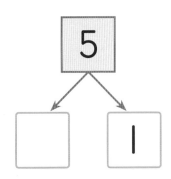

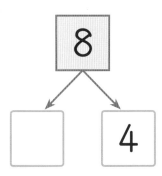

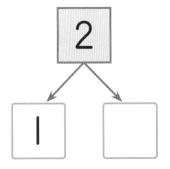

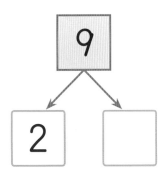

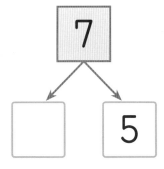

문제를 잘 읽고 ❶ 번호마다 모으기를 하고 ➡ ❷ 문제에 맞는 답을 찾으세요.

두 수를 **모아서 8**이 되는 것은 어느 것일까요?

① **5와 4**　　　② **4와 l**　　　③ **2와 7**　　　④ **3과 5**

잠깐! 문제에 ①②③④로 동그라미 속 숫자들이 보이나요?
이렇게 생긴 문제는 답으로 ①②③④ 중에서 하나를
골라 써야 한답니다!

모으기　① 　②

③ 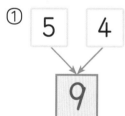　④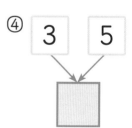

답 ＿＿＿＿＿＿＿＿

번호를 쓰자!

문제를 잘 읽고 ❶ 번호마다 모으기를 하고 ➡ ❷ 문제에 맞는 답을 찾으세요.

두 수를 **모아서 6**이 되지 **않는** 것은 어느 것일까요?

① 2와 4   ② 1과 5   ③ 5와 2   ④ 3과 3

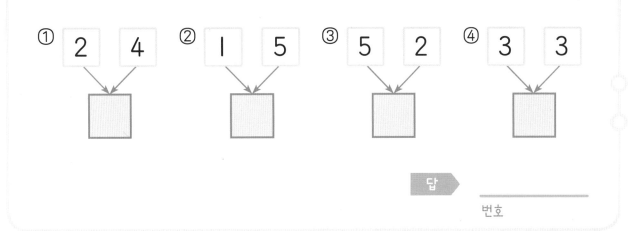

답 ➡ _____
번호

9를 가르기 한 것은 무엇일까요?

9를 가르기 한 두 수는 모아서 9가 되는 수!

① 3과 4   ② 4와 5   ③ 1과 7   ④ 6과 2

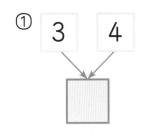 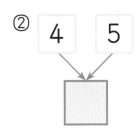 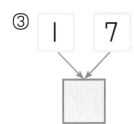 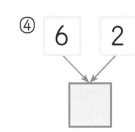

답 ➡ _____
번호

11 단계

9까지의 덧셈 ❶

11, 12단계에서는 '3+5'와 같이 합이 10보다 작은 한 자리 수의 덧셈을 공부합니다. 수식을 이용한 지필식 연산에서는 아이들이 숫자나 기호에 익숙해지도록 천천히 반복하는 것이 중요합니다. '3+5'는 3과 5를 각각 나타낸 후 한꺼번에 세는 '모두 세기 전략'과 3을 이미 세었다고 생각하고 3 다음부터 4, 5, 6, 7, 8로 5만큼 더 세는 '이어 세기 전략'으로 계산할 수 있습니다.

덧셈의 개념인 모두 세기부터 이어 세기까지 손가락이나 연결 모형, 수 모으기 등 다양한 수식 모델을 이용하여 연습하세요.

연산 시각화 모델

손가락 모델

아이들이 손가락과 발가락을 이용하여 계산하는 것은 자연스러운 행동입니다. 숫자를 바로 수량으로 연결시키는 것을 어려워하는 시기이기 때문입니다. 이에 숫자를 수량으로 치환할 수 있는 도구로 숫자 대신 손가락을 꼽아가며 계산하는 훈련을 합니다.

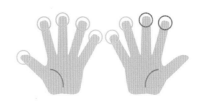

5×2 상자 모델

양손의 손가락으로 표현했던 5+5 모델을 5×2 구조로 형식화한 모델입니다. 특히 5를 기준으로 어떤 수가 5보다 큰지 작은지를 판별함으로써 빠르게 수량을 파악할 수 있는 장점이 있습니다.

수 모으기 모델

10단계에서 학습했던 모으기 활동의 도트 가합기를 덧셈과 연결시켜 '모두 세기 전략'의 원리를 이해합니다. 위의 두 수를 모아서 만들어지는 어떤 수를 찾아 덧셈식을 완성할 수 있습니다.

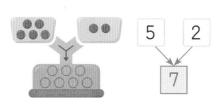

1일 손가락으로 덧셈하기

원리 손가락 인형은 모두 몇 개일까요? 스티커를 붙이면서 알아보세요.

$$4 + 2 =$$

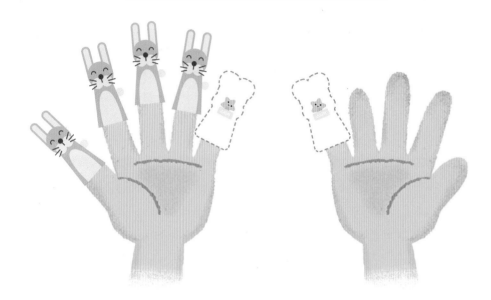

$$6 + 3 =$$

지도가이드

더하는 두 수만큼 ○를 그리고, ○의 수를 한번에 모두 세어 답을 구합니다.
실제로 손가락은 엄지손가락부터 꼽는 것이 일반적이지만 여기에서는 ○를 그리거나 스티커를 붙이는 활동이므로 왼쪽에서부터 차례대로 세도록 합니다.

 덧셈을 하세요.

7 + 2 =

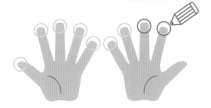

꼭 2가지 색으로 그릴 필요는 없어!

4 + 1 =

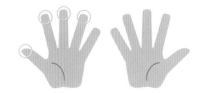

2 + 5 =

3 + 3 =

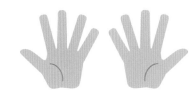

5 + 4 =

6 + 2 =

3 + 1 =

1 + 6 =

5×2 상자로 덧셈하기

원리 사탕은 모두 몇 개일까요? ◯를 그리고, 덧셈을 하세요.

$$1 + 3 =$$

 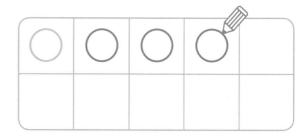

$$3 + 5 =$$

 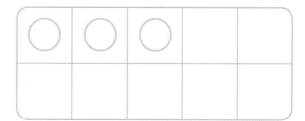

$$7 + 1 =$$

지도가이드

앞의 손가락 모델을 구조화한 5×2 상자 모델입니다.
5를 기준으로 수량을 파악하는 연습을 하면 큰 수의 계산을 더욱 쉽게 할 수 있으므로 위의 다섯 칸부터 먼저 채우면서 덧셈을 해 보세요.

 덧셈을 하세요.

1 + 1 = ☐

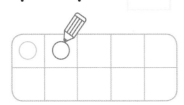

5 + 2 = ☐

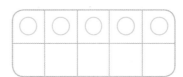

4 + 4 = ☐

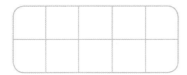

2 + 1 = ☐

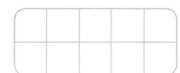

3 + 2 = ☐

1 + 8 = ☐

2 + 4 = ☐

4 + 3 = ☐

원리 더하는 수만큼 연결 모형을 더 색칠하고, 덧셈을 하세요.

$5 + 1 =$ ☐

$6 + 2 =$ ☐

$3 + 4 =$ ☐

$4 + 3 =$ ☐

$1 + 7 =$ ☐

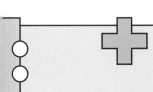

더하는 수만큼 연결 모형을 더 색칠하고, 전체 개수를 세어 합을 구합니다.
연결 모형을 색칠했을 때 전체 길이를 보면 덧셈의 결과를 직관적으로 파악할 수 있습니다. 아이가 가지고
놀던 블록을 활용하는 것도 좋습니다.

 덧셈을 하세요.

$4 + 2 =$ ⬜

$1 + 1 =$ ⬜

$2 + 3 =$ ⬜

$5 + 4 =$ ⬜

$3 + 5 =$ ⬜

$6 + 1 =$ ⬜

$5 + 2 =$ ⬜

$3 + 6 =$ ⬜

$1 + 4 =$ ⬜

$7 + 2 =$ ⬜

원리 수 모으기를 하고, 덧셈을 하세요.

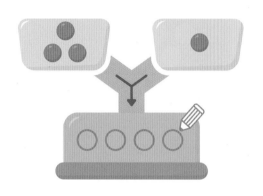

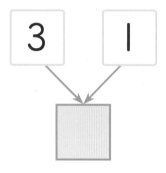

$$3 + 1 = \boxed{}$$

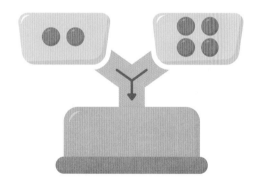

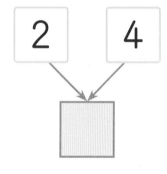

$$2 + 4 = \boxed{}$$

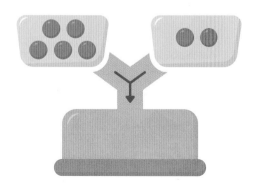

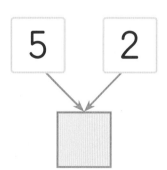

$$5 + 2 = \boxed{}$$

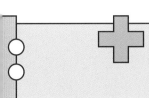

지도가이드

수 모으기 활동은 '3+1'을 계산할 때 하나씩 세는 모두 세기 전략을 사용하지만, 익숙해지면 "3에서 1만큼 더 큰 4"로 이어서 셀 수도 있습니다.
아이가 수식 모델 없이 계산하는 것을 어려워한다면 수 바로 아래에 점을 그려 주세요.

 덧셈을 하세요.

4 + 1 = ☐   3 + 2 = ☐

3 + 4 = ☐   8 + 1 = ☐

2 + 7 = ☐   1 + 7 = ☐

1 + 1 = ☐   2 + 3 = ☐

5 + 3 = ☐   6 + 3 = ☐

문제를 읽은 다음 ❶ 식을 쓰고 ➡ ❷ 답을 구하세요.

두 수의 을 구하세요.

3   6

잠깐!

'합'은 더하기와 같은 뜻이에요.
합을 구하라는 말은 두 수를 더했을 때 나온 값을
구하라는 말이니까, 고민하지 말고 덧셈을 하세요!

'3과 6의 합' = '3 더하기 6'

합

덧셈식 ▶ 3 + 6 =

답 ▶ 두 수의 합은 _____ 입니다.

지도가이드

합(合)은 더한 결과를, 차(差)는 뺀 결과를 뜻하는 한자어로 초등학교에 들어가면 '더하기'는 '합'으로, '빼기'는 '차'로 표현하는 문제가 자주 등장합니다.
말만 다를 뿐 앞에서 연습한 덧셈과 같은 문제이므로 아이들이 당황하지 않도록 천천히 연습해 두세요.

문제를 읽은 다음 ❶ 식을 쓰고 ➡ ❷ 답을 구하세요.

두 수의 **합**을 구하세요.

덧셈식 ▶ ☐ + ☐ = ☐

답 ▶ 두 수의 합은 _____ 입니다.

두 수의 **합**을 구하세요.

2   5

덧셈식 ▶

답 ▶ 두 수의 합은 _____ 입니다.

12 단계

9가지의 덧셈 ❷

11단계에 이어서 합이 9이거나 9보다 작은 한 자리 수의 덧셈을 공부합니다.

도미노 모델로 점의 수를 세는 '모두 세기 전략'과 수 계열에서 주로 활용했던 수직선 모델에 뛰어 세는 화살표를 그리는 '이어 세기 전략'으로 덧셈을 더 연습하고, 덧셈은 두 수를 바꾸어 더해도 그 결과가 같다는 것을 알게 합니다. 또한 더하는 수나 더해지는 수가 1씩 커지거나 작아질 때 그 결과가 어떻게 변하는지 살펴보면서 덧셈의 계산 원리를 이해할 수 있도록 합니다.

연산 시각화 모델

도미노 모델

두 곳으로 나누어져 있고 그 곳에 점이 그려져 있어서 수 모으기를 좀더 직관적으로 파악할 수 있는 도미노 모델입니다. 앞 단계에서 도트 가합기를 통해 배웠던 덧셈을 도미노로 한번 더 확인하세요.

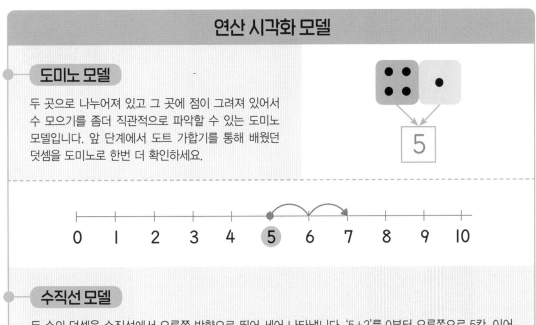

수직선 모델

두 수의 덧셈을 수직선에서 오른쪽 방향으로 뛰어 세어 나타냅니다. '5+2'를 0부터 오른쪽으로 5칸, 이어서 오른쪽으로 2칸만큼 더 가서 최종 화살표 끝이 가리키는 눈금을 찾는 '모두 세기 전략'으로 계산할 수도 있지만, 눈금 5인 곳에서 출발하여 오른쪽으로 2칸을 움직이는 '이어 세기 전략'으로 계산할 수도 있습니다. 수직선으로 덧셈을 하는 것이 익숙해지면 그림으로 나타내기를 생략하고 바로 덧셈을 하여 답을 구할 수 있습니다.

원리 도미노에서 점의 수를 세고, 덧셈을 하세요.

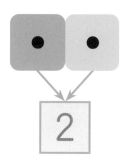

2

$1 + 1 = \boxed{}$

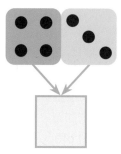

$4 + 3 = \boxed{}$

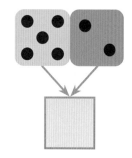

$5 + 2 = \boxed{}$

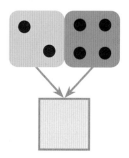

$2 + 4 = \boxed{}$

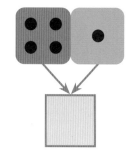

$4 + 1 = \boxed{}$

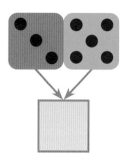

$3 + 5 = \boxed{}$

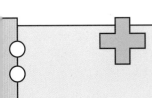

지도가이드

도트 가합기 모델과 비슷한 형태의 교구입니다. 집에서도 쉽게 만들 수 있는 도미노는 아이들이 자주 접하는 반구체물이므로 좀더 간단하고 직관적으로 덧셈을 이해할 수 있습니다. 단순화한 교구를 활용하면 연산에 익숙해지는 데 도움이 됩니다.

 덧셈을 하세요.

$1 + 4 =$

$3 + 6 =$

$2 + 3 =$

$4 + 4 =$

$3 + 1 =$

$2 + 6 =$

$7 + 2 =$

$1 + 6 =$

$5 + 1 =$

$6 + 3 =$

9까지의 덧셈 ❷
수직선으로 덧셈하기

원리 수직선에 뛰어 세는 화살표를 그리고, 덧셈을 하세요.

$$5 + 2 = \square$$

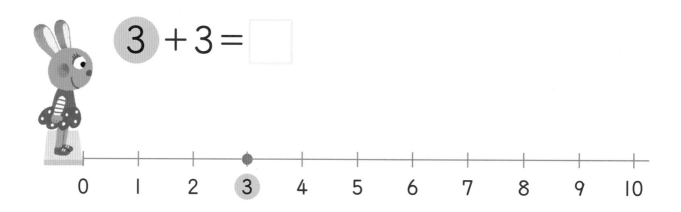

$$3 + 3 = \square$$

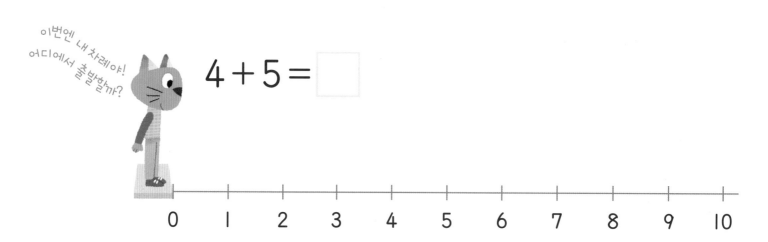

$$4 + 5 = \square$$

지도가이드

이어 세기 전략은 앞의 수를 미리 세었다고 생각하고 뒤의 수만큼 이어서 세는 방법입니다. '4+3'을 계산할 때 4에서 출발하여 5, 6, 7로 3만큼 이어서 세도록 가르쳐주세요. 1권에서 배웠던 수직선 뛰어 세기와 같은 모양이므로 수직선을 덧셈까지 이어서 활용할 수 있도록 연습하세요.

 적용 덧셈을 하세요.

$3 + 2 =$ ☐

$5 + 4 =$ ☐

화살표를
그리자!

0 1 2 3 4 5 6 7 8 9 10

0 1 2 3 4 5 6 7 8 9 10

$6 + 2 =$ ☐

$1 + 3 =$ ☐

0 1 2 3 4 5 6 7 8 9 10

0 1 2 3 4 5 6 7 8 9 10

$2 + 1 =$ ☐

$4 + 2 =$ ☐

$7 + 1 =$ ☐

$3 + 4 =$ ☐

$5 + 3 =$ ☐

$8 + 1 =$ ☐

두 수 바꾸어 덧셈하기

원리 수직선에 뛰어 세는 화살표를 그리고, 덧셈을 하세요.

| + 5 = ☐

```
+----+----+----+----+----+----+----+----+----+----+
0    1    2    3    4    5    6    7    8    9    10
```

5 + | = ☐

```
+----+----+----+----+----+----+----+----+----+----+
0    1    2    3    4    5    6    7    8    9    10
```

2 + 7 = ☐

```
+----+----+----+----+----+----+----+----+----+----+
0    1    2    3    4    5    6    7    8    9    10
```

7 + 2 = ☐

```
+----+----+----+----+----+----+----+----+----+----+
0    1    2    3    4    5    6    7    8    9    10
```

덧셈은 두 수를 바꿔서 더해도 답이 똑같아.
2+7은 2부터 7칸 뛰어서 세야 하는데
7+2로 바꾸면 7부터 2칸 뛰어 세니까 더 쉽네!

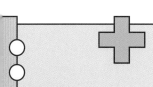
지도가이드

'1+5'를 구할 때 두 수의 순서를 바꾸어 '5+1'로 계산해도 결과가 같다는 것을 배웁니다.
덧셈에서는 '(작은 수)+(큰 수)'를 '(큰 수)+(작은 수)'로 바꾸어 계산하는 것이 더 편리합니다.
단, 두 수를 바꾸어 계산하는 것은 덧셈에서만 성립하므로 뺄셈에는 적용하지 않도록 주의하세요.

 두 수를 바꾸어 덧셈을 하세요.

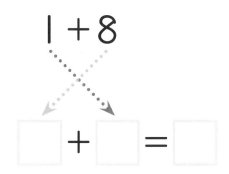

1 + 8

□ + □ = □

3 + 5

□ + □ = □

2 + 6

□ + □ = □

1 + 4

□ + □ = □

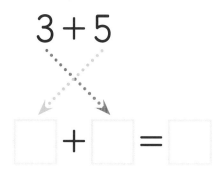

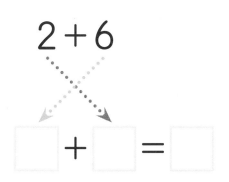

3 + 6

□ + □ = □

2 + 5

□ + □ = □

9까지의 덧셈 ❷
연산 로직과 덧셈

원리 화살표를 잘 보고 덧셈을 하세요.

4 + 1 = ☐
4 + 2 = ☐
4 + 3 = ☐
4 + 4 = ☐
4 + 5 = ☐

4 + 1 = ☐
5 + 1 = ☐
6 + 1 = ☐
7 + 1 = ☐
8 + 1 = ☐

1 + 5 = ☐
2 + 4 = ☐
3 + 3 = ☐
4 + 2 = ☐
5 + 1 = ☐

6 + 2 = ☐
5 + 3 = ☐
4 + 4 = ☐
3 + 5 = ☐
2 + 6 = ☐

활동 덧셈하여 알맞게 색칠하고, 제목을 지어주세요.

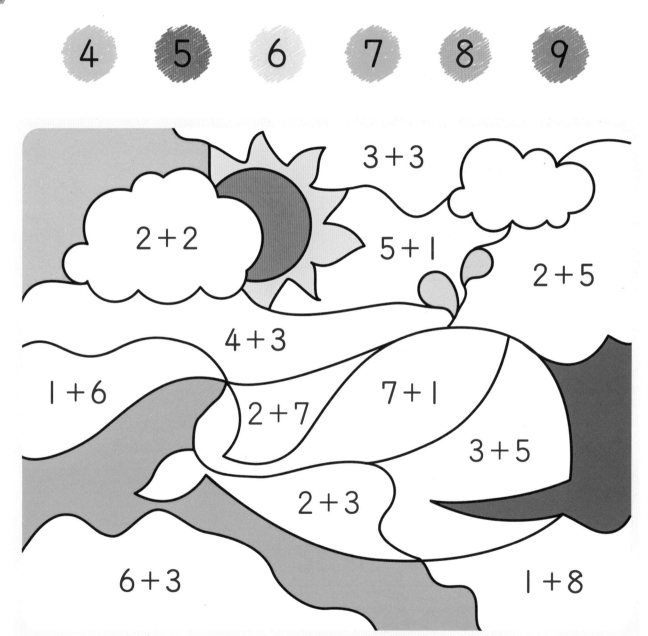

제목 : _____

문장을 덧셈식으로 바꾸기

문제를 읽은 다음 ❶ 덧셈식을 세우고 ➡ ❷ 답을 구하세요.

초코 맛 과자 **6**개와 딸기 맛 과자 **2**개가 있습니다.
과자는 **모두** 몇 개일까요?

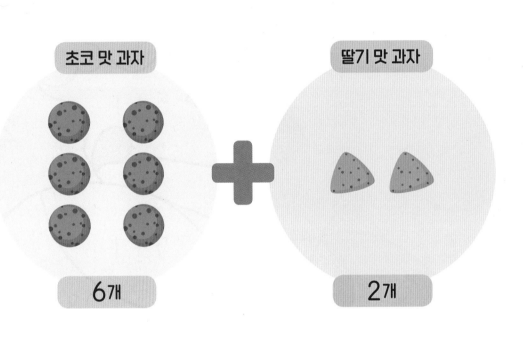

초코 맛 과자 　　　　　 딸기 맛 과자

6개 　　　　　 2개

덧셈식 ▶ 　6　＋　2　＝　

답 ▶　과자는 모두 _____개입니다.

문장 속의 상황을 머릿속에 떠올리며 수학적 표현으로 연결짓는 것이 중요합니다. 가장 효과적인 방법은 그림으로 나타내는 거예요. 앞에서 배운 연산 시각화 모델로 그림을 단순화하여 그리면 덧셈식을 쉽게 세울 수 있어요.

문제를 읽은 다음 ❶ 덧셈식을 세우고 ➡ ❷ 답을 구하세요.

물고기 **1** 마리가 있는 어항에 물고기 **4** 마리를 더 넣었습니다. 어항 속 물고기는 **모두** 몇 마리일까요?

덧셈식 ▶

답 ▶ 물고기는 모두 ＿＿＿＿＿＿ 마리입니다.

책장에 동화책이 **5** 권 있고, 위인전은 동화책보다 **3** 권 더 많습니다. **위인전**은 몇 권일까요?

덧셈식 ▶

답 ▶ 위인전은 ＿＿＿＿＿＿ 권입니다.

13 단계

9까지의 뺄셈 ❶

13, 14단계에서는 '5−3'과 같이 차가 10보다 작은 한 자리 수의 뺄셈을 공부합니다. '5−3'은 손가락 5개를 편 다음 3개를 접어 남은 수를 세는 '덜어내기 전략'과 5를 이미 세었다고 생각하고 5 다음부터 4, 3, 2로 3만큼 거꾸로 세는 '세어 내려가기 전략'으로 계산할 수 있습니다. 이 단계는 뺄셈을 처음 시작하는 단계이므로 숫자를 손가락이나 구슬, 연결 모형과 같이 직접 세어 볼 수 있는 수식 모델을 이용하여 '덜어내기 전략'으로 연습합니다. '덜어내기 전략'이 익숙해질 때까지 충분하게 연습한 후 다음 단계에서 '세어 내려가기 전략'으로 뺄셈을 하세요.

연산 시각화 모델

손가락 모델

아이들이 손가락과 발가락을 이용하여 계산하는 것은 자연스러운 행동입니다. 숫자의 상징성을 바로 수량으로 연결시키는 것을 어려워하는 시기이기 때문입니다. 이에 숫자를 수량으로 치환할 수 있는 도구로 숫자 대신 손가락을 꼽아가며 계산하는 훈련을 합니다.

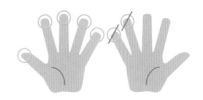

5×2 상자 모델

양손의 손가락으로 표현했던 5+5 모델을 5×2 구조로 형식화한 모델입니다. 특히 5를 기준으로 어떤 수가 5보다 큰지 작은지를 판별함으로써 빠르게 수량을 파악할 수 있는 장점이 있습니다.

수 가르기 모델

10단계에서 학습했던 가르기 활동의 도트 분배기를 뺄셈과 연결시켜 '덜어내기 전략'의 원리를 이해합니다. 위의 수가 한 수와 어떤 수로 갈라질 때 그 어떤 수를 찾아 뺄셈식을 완성할 수 있습니다.

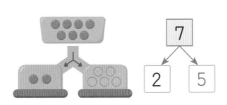

손가락으로 뺄셈하기

원리 손가락에 끼운 고깔 과자 중에서 몇 개를 먹었어요. 남은 과자는 몇 개일까요?

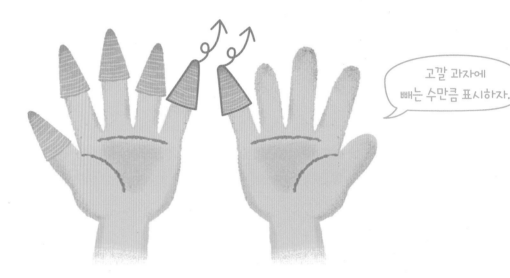

고깔 과자에 빼는 수만큼 표시하자.

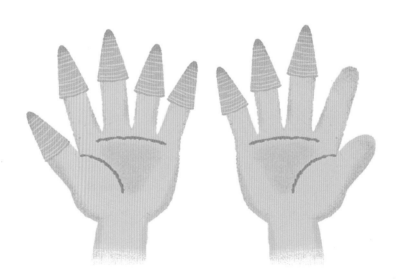

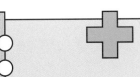
처음 수만큼 왼쪽에서부터 ○를 그리고, 빼는 수만큼 /으로 지우면 남은 ○의 개수가 답이 됩니다. 또한 처음 수만큼 손가락을 펴고, 빼는 수만큼 손가락을 접으면서 뺄셈을 해도 됩니다. ○나 /을 그릴 때 문제에서 처럼 색을 다르게 할 필요는 없습니다.

 뺄셈을 하세요.

7 − 1 = ☐

○를 먼저 그리고, /으로 지우자.

6 − 3 = ☐

3 − 2 = ☐

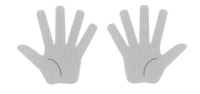

5 − 4 = ☐

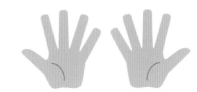

6 − 4 = ☐

4 − 1 = ☐

8 − 5 = ☐

9 − 4 = ☐

5×2 상자로 뺄셈하기

원리 남은 달걀은 몇 개일까요? 깨진 만큼 달걀에 비뚤배뚤 선을 긋고, 뺄셈을 하세요.

9 − 3 =

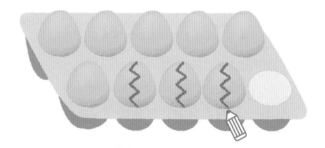

5 − 2 =

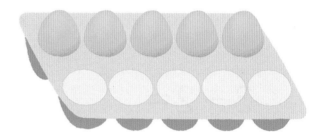

7 − 5 =

8 − 4 =

지도가이드

앞의 손가락 모델을 구조화한 5×2 상자 모델입니다.
5를 기준으로 수량을 파악하는 연습에 익숙해지면 '7−3'을 계산할 때 먼저 7에서 2를 빼서 5를 만든 후 남은 1을 빼는 전략을 세울 수도 있습니다.

적용 뺄셈을 하세요.

$3 - 1 =$ ☐

$8 - 2 =$ ☐

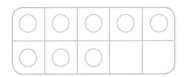

$7 - 6 =$ ☐

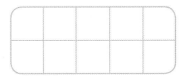

$4 - 2 =$ ☐

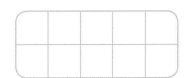

$2 - 1 =$ ☐

$5 - 4 =$ ☐

$9 - 5 =$ ☐

$6 - 1 =$ ☐

원리 빼는 수만큼 연결 모형을 ✕로 지우고, 뺄셈을 하세요.

$4 - 1 =$ ☐

$7 - 2 =$ ☐

$6 - 4 =$ ☐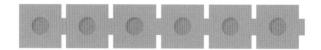

$8 - 5 =$ ☐

$9 - 8 =$ ☐

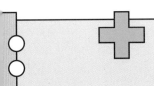

지도가이드

처음 수만큼 연결 모형을 색칠하고, 빼는 수만큼 ×로 지운 후 남은 연결 모형을 셉니다.
연결 모형을 ×로 지웠을 때 남은 길이를 보면 뺄셈의 결과를 직관적으로 파악할 수 있습니다. 아이가 좋아
하는 교구나 블록을 이용하여 실제로 조작해 봅니다.

 뺄셈을 하세요.

$8 - 3 = \boxed{}$

$6 - 1 = \boxed{}$

$3 - 2 = \boxed{}$

$5 - 4 = \boxed{}$

$9 - 3 = \boxed{}$

$6 - 5 = \boxed{}$

$4 - 3 = \boxed{}$

$7 - 1 = \boxed{}$

$9 - 7 = \boxed{}$

$8 - 6 = \boxed{}$

원리 수 가르기를 하고, 뺄셈을 하세요.

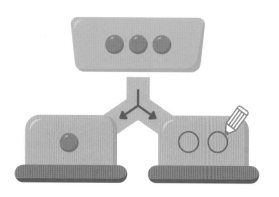
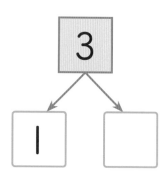

$3 - 1 = \boxed{}$

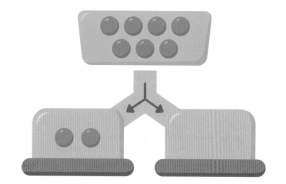
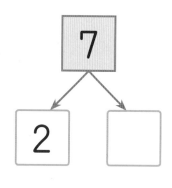

$7 - 2 = \boxed{}$

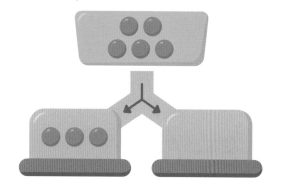
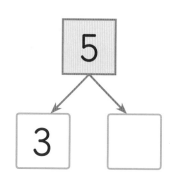

$5 - 3 = \boxed{}$

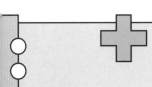

 뺄셈을 하세요.

$4 - 1 = \boxed{}$

$5 - 2 = \boxed{}$

$7 - 4 = \boxed{}$

$9 - 1 = \boxed{}$

$8 - 3 = \boxed{}$

$6 - 2 = \boxed{}$

$7 - 5 = \boxed{}$

$9 - 6 = \boxed{}$

아무것도
남지 않아!

$8 - 6 = \boxed{}$

$2 - 2 = \boxed{}$

뺄셈을 나타내는 다른 용어 '차'

문제를 읽은 다음 ❶ 더 큰 수를 찾고 ➡ ❷ 식을 쓰고 ➡ ❸ 답을 구하세요.

두 수의 **차**를 구하세요.

 3   6

잠깐!  '차'는 빼기와 같은 뜻이에요.
차를 구하라는 말은 두 수가 얼마나 차이나는지 구하라는
뜻이니까 고민하지 말고 큰 수에서 작은 수를 빼세요!

맞는 말에 동그라미를 그리자.

비교 **6**은 **3**보다 (큽니다 , 작습니다).

→ '**3**과 **6**의 차' = '**6** 빼기 **3**'

차
 뺄셈식  **6** − **3** =

답 두 수의 차는 _____ 입니다.

문제를 읽은 다음 ❶ 더 큰 수를 찾아 식을 쓰고 ➡ ❷ 답을 구하세요.

두 수의 **차**를 구하세요.

7   1

뺄셈식   [ ] − [ ] = [ ]

답 ▶ 두 수의 차는 _____ 입니다.

두 수의 **차**를 구하세요.

2   5

뺄셈식   [ ] [ ] [ ]

답 ▶ 두 수의 차는 _____ 입니다.

14 단계

9까지의 뺄셈 ❷

13단계에 이어서 한 자리 수끼리의 뺄셈을 공부합니다. 특히 이 단계에서는 '짝짓기 전략'과 '세어 내려가기 전략'을 통해 빠르고 정확하게 뺄셈을 하는 훈련에 집중합니다.

'8-3'을 계산할 때 '짝짓기 전략'은 8과 3을 하나씩 짝을 지은 후 남은 것을 세는 방법이고, '세어 내려가기 전략'은 8을 먼저 세어 놓았다고 생각하고 3만큼 거꾸로 세는 방법입니다.

이 외에도 여러 가지 수식 모델을 이용하여 뺄셈의 원리를 익히세요. 아이가 손가락 등의 구체물을 이용하는 방법에서 벗어나 반구체물 또는 수식 모델(짝짓기, 수직선 등)로 뺄셈을 쉽게 할 수 있도록 도울 수 있습니다.

연산 시각화 모델

짝짓기 모델

두 묶음의 수를 비교할 때 쓰는 방법입니다. 옷과 옷걸이, 어른과 아이 등과 같이 서로 짝이 되는 경우를 이용해 하나씩 짝을 짓고, 어느 것이 얼마나 남았는지 세어 봅니다. 대체로 서로 다른 두 종류를 비교할 때 많이 사용합니다.

수직선 모델

두 수의 뺄셈을 수직선에서 왼쪽 방향으로 뛰어 세어 나타냅니다. '8-1'을 0부터 오른쪽으로 8칸만큼 간 후 왼쪽으로 1칸만큼 되돌아가 최종 화살표 끝이 가리키는 눈금을 찾는 '덜어내기 전략'으로 계산할 수도 있지만, 눈금 8인 곳에서 출발하여 왼쪽으로 1칸을 움직이는 '세어 내려가기 전략'으로 계산할 수도 있습니다. 수직선으로 뺄셈을 하는 것이 익숙해지면 수식 모델로 나타내기를 생략하고 숫자만으로 뺄셈을 한 후 바로 답을 구할 수 있습니다.

9까지의 뺄셈 ❷
비교해서 뺄셈하기

 원리 아이스크림을 콘에 담아요. 콘은 몇 개 남을까요?

$4 - 3 =$ ☐

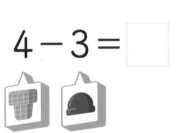

$5 - 2 =$ ☐

$3 - 1 =$ ☐

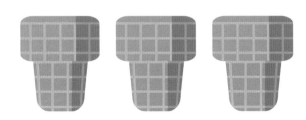

적용 수에 맞게 ◯를 색칠하고, 짝을 지어 뺄셈을 하세요.

$5 - 3 =$ ☐

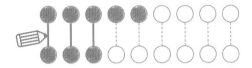

$4 - 1 =$ ☐

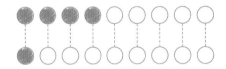

$6 - 5 =$ ☐

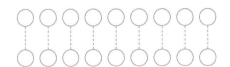

$8 - 2 =$ ☐

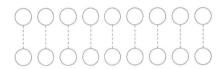

$7 - 4 =$ ☐

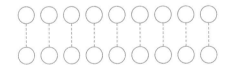

$9 - 8 =$ ☐

$5 - 1 =$ ☐

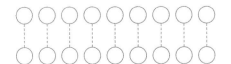

$6 - 3 =$ ☐

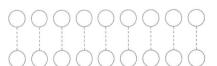

원리 수직선에 뛰어 세는 화살표를 그리고, 뺄셈을 하세요.

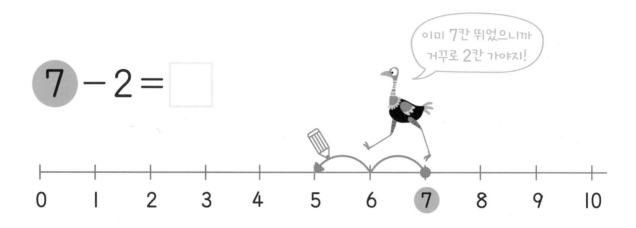

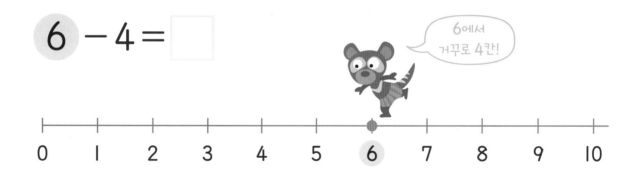

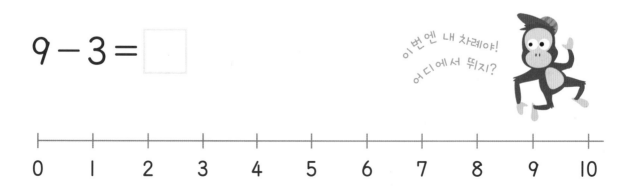

지도가이드

세어 내려가기 전략은 앞의 수를 미리 세었다고 생각하고 뒤의 수만큼 거꾸로 되돌아오는 방법입니다. 화살표가 왼쪽 방향이면 뺄셈이고, 빼는 수가 왼쪽 방향으로 뛰어 센 칸의 수가 됩니다. 따라서 '7-3'을 계산할 때 수직선에서 7을 찾은 후, 7에서 출발하여 6, 5, 4로 3만큼 거꾸로 이어 세도록 알려 주세요.

 적용 뺄셈을 하세요.

$6 - 2 =$ ☐ $9 - 4 =$ ☐

화살표를
그리자!

$8 - 6 =$ ☐ $7 - 4 =$ ☐

$5 - 4 =$ ☐ $8 - 1 =$ ☐

$7 - 5 =$ ☐ $4 - 2 =$ ☐

$9 - 5 =$ ☐ $3 - 2 =$ ☐

원리 | 씩 작아지도록 ◯ 안에 수를 쓰고, 계단을 내려가는 화살표를 그리면서 뺄셈을 하세요.

10 9 8 ◯ ◯ ◯ ◯ ◯ 0

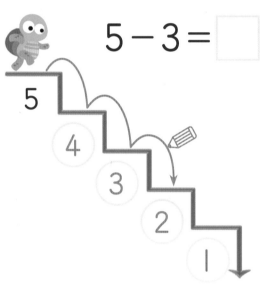

$5 - 3 = \square$

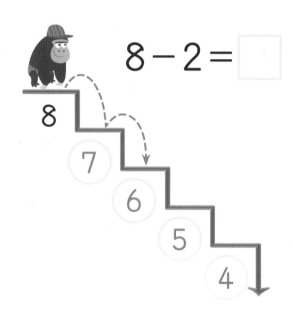

$8 - 2 = \square$

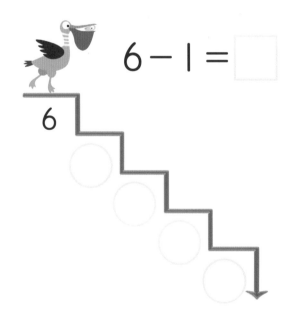

$6 - 1 = \square$

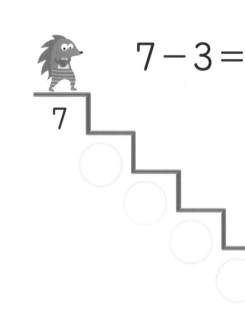

$7 - 3 = \square$

지도가이드

'9-3'을 계산할 때 수를 9에서 1씩 3번 거꾸로 세는 방법입니다. 빼는 수만큼 칸을 그리고, 수를 거꾸로 쓴 후 세어 내려가면서 뺄셈을 하세요.
수를 거꾸로 세는 것에 익숙하지 않다면 10부터 0까지 수를 거꾸로 세는 연습을 좀더 하는 것이 좋습니다.

 적용 뺄셈을 하세요.

$9 - 4 =$ ☐

9	8	7	6	5

수를 쓰고, 화살표를 그리자!

$3 - 1 =$ ☐

3	2

$8 - 5 =$ ☐

8				

$7 - 2 =$ ☐

7		

$5 - 1 =$ ☐

$8 - 6 =$ ☐

$7 - 4 =$ ☐

$9 - 8 =$ ☐

$8 - 4 =$ ☐

$3 - 3 =$ ☐

연산 로직과 뺄셈

원리 화살표를 잘 보고 뺄셈을 하세요.

$9 - 1 = \boxed{}$
$9 - 2 = \boxed{}$
$9 - 3 = \boxed{}$
$9 - 4 = \boxed{}$
$9 - 5 = \boxed{}$

$9 - 1 = \boxed{}$
$8 - 1 = \boxed{}$
$7 - 1 = \boxed{}$
$6 - 1 = \boxed{}$
$5 - 1 = \boxed{}$

$3 - 1 = \boxed{}$
$4 - 2 = \boxed{}$
$5 - 3 = \boxed{}$
$6 - 4 = \boxed{}$
$7 - 5 = \boxed{}$

$9 - 5 = \boxed{}$
$8 - 4 = \boxed{}$
$7 - 3 = \boxed{}$
$6 - 2 = \boxed{}$
$5 - 1 = \boxed{}$

지도가이드

처음 수는 같고 빼는 수가 1씩 커지거나 빼는 수는 같고 처음 수가 1씩 커질 때 결과가 어떻게 달라지는지 살펴보세요. 처음 수와 빼는 수가 모두 1씩 커지거나 모두 1씩 작아지면 그 결과가 변하지 않는다는 사실도 확인해 봅니다. 수의 다양한 조작 활동으로 연산 감각을 키워 주세요.

 활동 뺄셈을 하고, 알맞은 전기 코드를 찾아 답을 쓰세요.

문제를 읽은 다음 ❶ 뺄셈식을 세우고 ➡ ❷ 답을 구하세요.

바구니에 복숭아가 5개, 토마토가 4개 있습니다.
복숭아는 토마토보다 몇 개 더 많을까요?

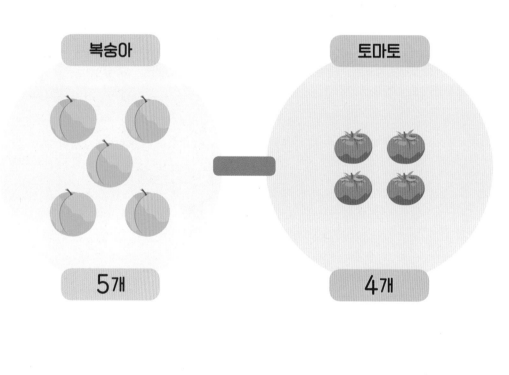

복숭아

토마토

5개

4개

뺄셈식 ▶ | 5 | ─ | 4 | = | |

답 ▶ 복숭아는 토마토보다 _____ 개 더 많습니다.

지도가이드

문제를 읽고 뺄셈 상황을 머릿속에 그리면서 식으로 표현하는 방법을 익히세요.
덧셈과 마찬가지로 앞에서 배운 연산 시각화 모델로 그림을 단순화하여 나타내면 뺄셈식을 쉽게 세울 수 있습니다.

문제를 읽은 다음 ❶ 뺄셈식을 세우고 ➡ ❷ 답을 구하세요.

풍선 **7**개 중에서 **2**개가 터졌습니다.
남은 풍선은 몇 개일까요?

답 ▶ 남은 풍선은 ＿＿＿＿＿개입니다.

색종이 **9**장 중에서 **6**장으로 종이비행기를 접었습니다.
남은 색종이는 몇 장일까요?

답 ▶ 남은 색종이는 ＿＿＿＿＿장입니다.

15 단계

단계

덧셈식과 뺄셈식

15단계에서는 덧셈식과 뺄셈식을 여러 방향에서 살펴보는 활동을 합니다.

수직선에서 덧셈식과 뺄셈식을 만드는 연습을 통해 더하는 수와 빼는 수를 구하는 훈련을 하고, 길이가 다른 수 블록을 이용하여 숫자 3개로 4개의 식을 만들어 봅니다. 초등학교에서 배우게 될 □가 있는 식을 계산하기 위한 기초 단계이지만, 아직 연산에 익숙하지 않을 시기이므로 아이가 식만 보고 계산하기보다 다양한 구체물을 이용하여 계산해 볼 수 있도록 합니다. 앞으로 배울 내용을 가볍게 한번 훑고 지나가는 단계라고 생각해 주세요.

연산 시각화 모델

수 블록 모델

색과 길이가 서로 다른 블록 3개를 이용하여 덧셈과 뺄셈의 관계를 한눈에 알아볼 수 있는 모델입니다. 전체와 부분을 생각하며 덧셈과 뺄셈 사이의 관계를 익힐 수 있습니다.

5×2 상자 모델

구슬을 더 그리거나 지우면서 팻말에 적힌 수를 만드는 모델입니다. 수식을 이용해 식 중간에 있는 □의 값을 구하기는 아직 어렵지만 구체물이나 반구체물을 이용하면서 연습해 보세요.

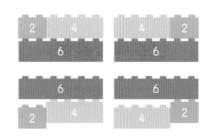

$$6 + \boxed{2} = 8$$

덧셈과 뺄셈의 관계 ①

원리 길이가 서로 다른 블록 **3**개로 식 **4**개를 만들어 보세요.

| 4 | 2 | 6 |

덧셈식을 2개
만들어 볼까?

| 2 | 4 |
| 6 |

| 4 | 2 |
| 6 |

$$2 + 4 = \square$$

$$\square + \square = \square$$

이번엔 뺄셈식 2개를
만들어야지!

| 6 |
| 2 | 4 |

| 6 |
| 4 | 2 |

$$6 - 2 = \square$$

$$\square - \square = \square$$

한 덧셈식은 뺄셈식 2개로, 한 뺄셈식은 덧셈식 2개로 나타낼 수 있습니다.
1+2=3, 2+1=3, 3−1=2, 3−2=1의 덧셈식과 뺄셈식에서 1, 2, 3과 같이 서로 다른 4개의 식을 만들 수 있
는 세 수를 '가족수'라고 부르기도 합니다.

 적용 　 안에 알맞은 수를 쓰세요.

$3+5=$ ☐

$5+3=$ ☐

$8-5=$ ☐

$8-3=$ ☐

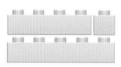

$4+1=$ ☐

$1+4=$ ☐

$5-4=$ ☐

$5-1=$ ☐

$2+7=$ ☐

$7+2=$ ☐

$9-7=$ ☐

$9-2=$ ☐

$7-3=$ ☐

$3+4=$ ☐

$7-4=$ ☐

$4+3=$ ☐

덧셈식과 뺄셈식
덧셈과 뺄셈의 관계 ②

원리 수직선을 보고 식을 완성하세요.

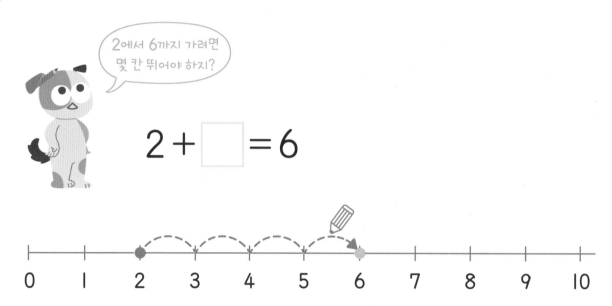

2에서 6까지 가려면
몇 칸 뛰어야 하지?

$$2 + \boxed{} = 6$$

이번엔 6에서 2까지
되돌아가 볼까?

$$6 - \boxed{} = 2$$

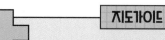

지도가이드

수직선의 두 점을 보고 덧셈식과 뺄셈식을 하나씩 만들어 볼 수 있습니다. 4에서 오른쪽으로 3칸 가면 7이고, 7에서 왼쪽으로 3칸 가면 4라는 것을 직접 뛰어 세면서 살펴보세요. 덧셈과 뺄셈이 밀접하게 연관되어 있다는 사실을 알게 합니다.

 수직선을 보고 덧셈식과 뺄셈식을 하나씩 만들어 보세요.

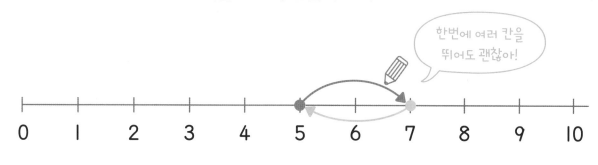

한번에 여러 칸을 뛰어도 괜찮아!

$$5 + \boxed{} = 7 \quad \Longleftrightarrow \quad 7 - \boxed{} = 5$$

$$4 + \boxed{} = 7 \quad \Longleftrightarrow \quad 7 - \boxed{} = 4$$

$$5 + \boxed{} = 9 \quad \Longleftrightarrow \quad 9 - \boxed{} = 5$$

덧셈식과 뺄셈식
덧셈 복면산

원리 빵은 모두 **9**개! 보이지 않는 빵은 몇 개일까요?
쟁반 위의 빵이 **9**개가 될 때까지 스티커를 붙이면서 알아보세요.

$$5 + \boxed{} = 9$$

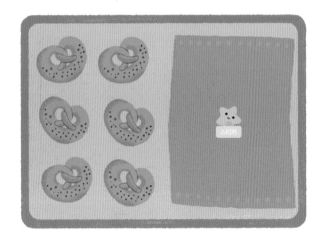

$$6 + \boxed{} = 9$$

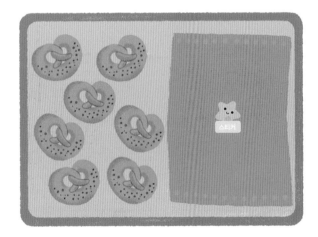

$$7 + \boxed{} = 9$$

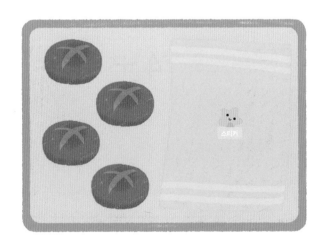

$$4 + \boxed{} = 9$$

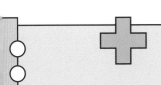
빵이 5개 있으면 그다음 스티커를 하나 붙이면서 "6", 또 하나를 붙이면서 "7"이라고 소리내어 말하고, 9가 되면 멈춥니다. 복면산이란 식의 어떤 숫자가 모양으로 가려진 것을 말합니다. 숫자가 복면을 쓰고 있는 연산이라는 뜻이랍니다.

 ◯를 더 그리고, 식을 완성하세요.

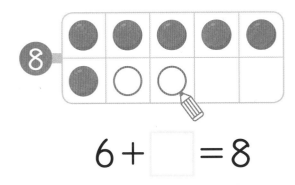

$6 + \boxed{} = 8$

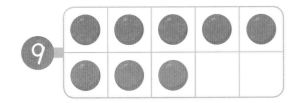

$8 + \boxed{} = 9$

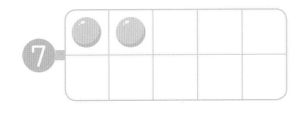

$2 + \boxed{} = 7$

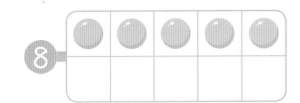

$5 + \boxed{} = 8$

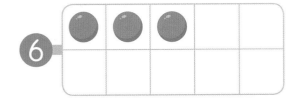

$3 + \boxed{} = 6$

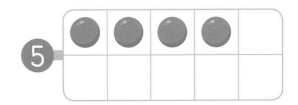

$4 + \boxed{} = 5$

 원리 남은 생선은 **3**마리! 고양이는 몇 마리를 먹었을까요?
생선 위에 뼈다귀 스티커를 붙이면서 알아보세요.

 스티커

3마리는 남겨 두자.   뼈다귀 스티커를 붙여 봐!

$5 - \boxed{} = 3$

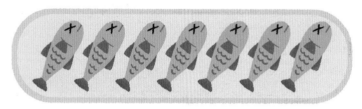

3마리가 남을 때까지 뼈다귀 스티커를 붙이자.

$7 - \boxed{} = 3$

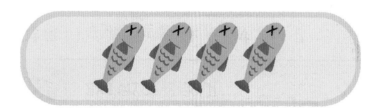

$4 - \boxed{} = 3$

$6 - \boxed{} = 3$

왼쪽 위에서부터 남겨야 할 수를 먼저 세어 놓고, 오른쪽 아래에서부터 하나씩 지워 나갑니다.
'=' 오른쪽의 뺄셈 결과가 될 때까지 지우고, 모두 몇 개를 지웠는지 묻는 문제입니다. 헷갈리기 쉬우므로
주의해서 계산합니다.

 /으로 구슬을 지우고, 식을 완성하세요.

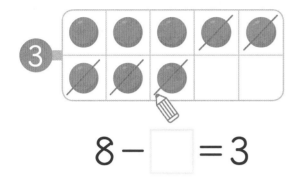

$$8 - \boxed{} = 3$$

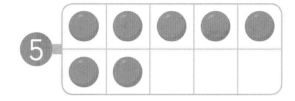

$$7 - \boxed{} = 5$$

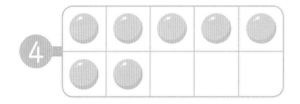

$$7 - \boxed{} = 4$$

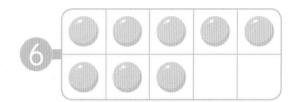

$$8 - \boxed{} = 6$$

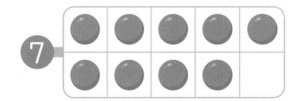

$$9 - \boxed{} = 7$$

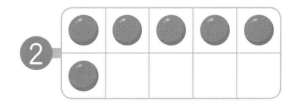

$$6 - \boxed{} = 2$$

❶ 가장 큰 수를 찾고 ➡ ❷ 식을 만드세요.

수 카드를 이용하여 **덧셈식 2개**와 **뺄셈식 2개**를 완성하세요.

| 4 | 7 | 3 |

잠깐! 가장 큰 수를 먼저 찾아보세요.
가장 큰 수가 덧셈식에서는 덧셈의 결과가 되고,
뺄셈식에서는 맨 처음에 오는 수가 된답니다.

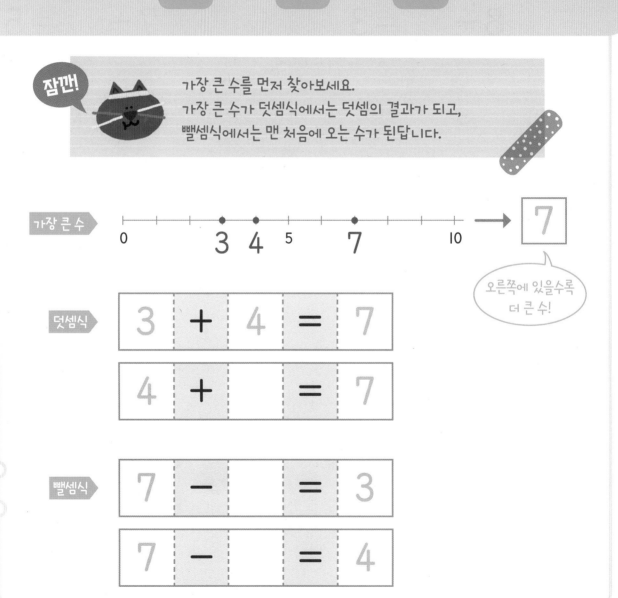

가장 큰 수 ⟶ 7

0   3 4 5   7   10

오른쪽에 있을수록 더 큰 수!

덧셈식

| 3 | + | 4 | = | 7 |

| 4 | + | | = | 7 |

뺄셈식

| 7 | − | | = | 3 |

| 7 | − | | = | 4 |

❶ 가장 큰 수를 찾고 ➡ ❷ 식을 만드세요.

수 카드를 이용하여 **덧셈식 2개**와 **뺄셈식 2개**를 완성하세요.

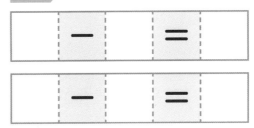

덧셈식

	+		=	
	+		=	

뺄셈식

	−		=	
	−		=	

수 카드를 이용하여 **덧셈식 2개**와 **뺄셈식 2개**를 완성하세요.

9   1   8

덧셈식

	+		=	
	+		=	

뺄셈식

	−		=	
	−		=	

16 단계

덧셈과 뺄셈 종합

앞에서 배운 한 자리 수의 덧셈과 뺄셈을 복습합니다.

숫자는 모두 같은데 기호가 서로 다를 때 계산 결과가 어떻게 달라지는지 살펴봅니다. 이어서 상자 연산에서는 계산 결과가 커지는지 작아지는지를 살펴 계산 과정 없이 더하기와 빼기 기호를 찾아봅니다.

이와 같이 여러 가지 활동을 통해 한 자리 수의 덧셈과 뺄셈을 잘 마무리하고, 3권에서는 두 자리 수를 공부하세요.

연산 시각화 모델

상자 연산 모델

수가 더하기 기호(+)가 있는 상자를 통과하면 커지고, 빼기 기호(−)가 있는 상자를 통과하면 작아집니다. 계산 결과가 커지는지 작아지는지를 살펴 계산하지 않고도 기호를 찾을 수 있습니다. 덧셈과 뺄셈의 특성을 알고 있다면 쉽게 해결할 수 있습니다.

덧셈과 뺄셈 종합
같은 수 다른 기호

원리 +, − 기호를 잘 살펴보면서 덧셈과 뺄셈을 하세요.

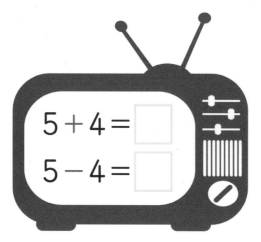

$5 + 4 =$ ☐

$5 - 4 =$ ☐

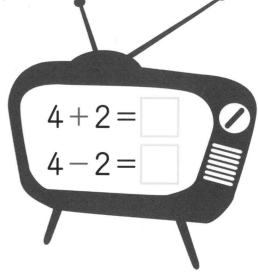

$4 + 2 =$ ☐

$4 - 2 =$ ☐

$3 + 1 =$ ☐

$3 - 1 =$ ☐

$6 + 3 =$ ☐

$6 - 3 =$ ☐

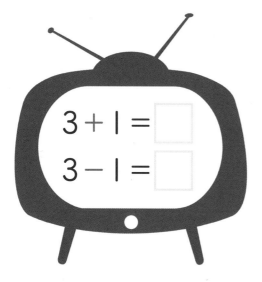

$4 + 3 =$ ☐

$4 - 3 =$ ☐

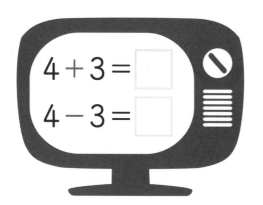

$5 + 2 =$ ☐

$5 - 2 =$ ☐

아이들은 숫자에만 집중하고 더하기 기호(+)나 빼기 기호(−)를 잘 보지 않는 경향이 있습니다.
덧셈과 뺄셈이 섞여 있는 문제를 통해 연산 기호를 꼭 확인하고 계산하는 습관을 기르세요. 이렇게 연습하면 실수하지 않고 계산을 정확하게 할 수 있습니다.

 적용 덧셈과 뺄셈을 하세요.

$5 - 3 =$ ☐

$7 + 2 =$ ☐

$6 + 1 =$ ☐

$9 - 1 =$ ☐

$1 + 8 =$ ☐

$2 + 6 =$ ☐

$7 - 4 =$ ☐

$3 + 4 =$ ☐

$9 - 7 =$ ☐

$6 - 5 =$ ☐

수를 보고 기호 찾기

원리 ➕일까요, ➖일까요? 상자를 보고 알맞은 기호에 색칠하세요.

$6 \rightarrow \boxed{\begin{matrix} + \\ - \end{matrix}\ 2} \rightarrow 8$

$5 \rightarrow \boxed{\begin{matrix} + \\ - \end{matrix}\ 4} \rightarrow 9$

$8 \rightarrow \boxed{\begin{matrix} + \\ - \end{matrix}\ 2} \rightarrow 6$

$5 \rightarrow \boxed{\begin{matrix} + \\ - \end{matrix}\ 1} \rightarrow 4$

$7 \rightarrow \boxed{\begin{matrix} + \\ - \end{matrix}\ 2} \rightarrow 5$

$4 \rightarrow \boxed{\begin{matrix} + \\ - \end{matrix}\ 3} \rightarrow 7$

$6 \rightarrow \boxed{\begin{matrix} + \\ - \end{matrix}\ 3} \rightarrow 9$

$8 \rightarrow \boxed{\begin{matrix} + \\ - \end{matrix}\ 1} \rightarrow 7$

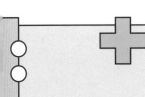

 안에 **+**, **−** 중에서 알맞은 기호를 쓰세요.

8 ◯ 4 = 4   6 ◯ 1 = 5

5 ◯ 3 = 8   7 ◯ 2 = 9

1 ◯ 1 = 0   3 ◯ 4 = 7

1 ◯ 6 = 7   6 ◯ 2 = 4

9 ◯ 1 = 8   4 ◯ 4 = 8

덧셈과 뺄셈을 하세요.

$9 - 1 =$ ☐

$3 + 5 =$ ☐

$4 + 3 =$ ☐

$7 - 5 =$ ☐

$8 + 1 =$ ☐

$1 + 6 =$ ☐

$7 - 4 =$ ☐

$8 - 3 =$ ☐

$2 + 4 =$ ☐

$9 - 4 =$ ☐

15단계에서 배운 덧셈뺄셈 복면산이 섞여 있는 가로세로 퍼즐입니다.
아이가 재미있어하면 아이와 함께 퍼즐을 더 만들고 풀어 보는 시간을 가져 보세요.

활동 덧셈뺄셈 퍼즐입니다. 빈 곳에 알맞은 수를 쓰세요.

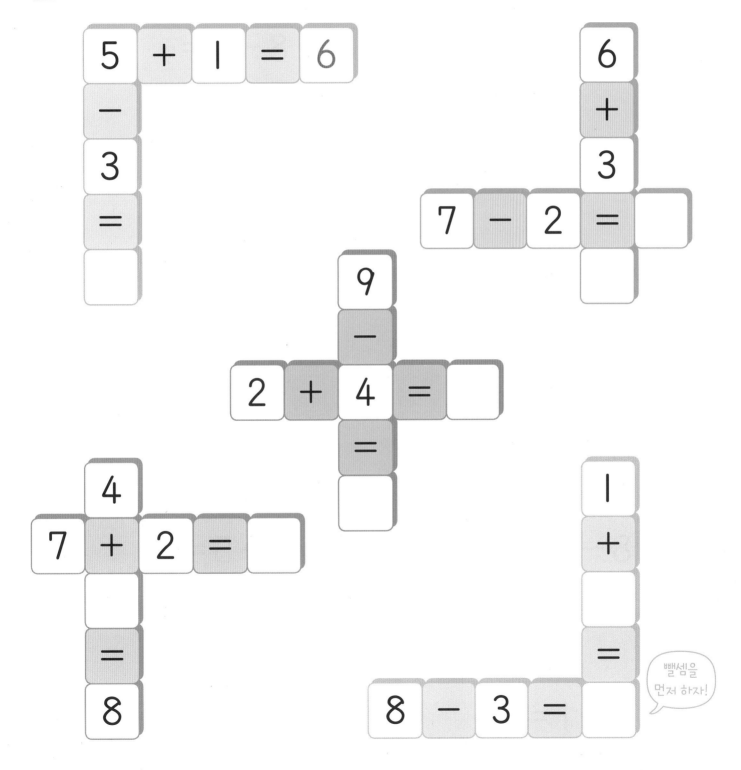

적용 덧셈과 뺄셈을 하세요.

$2 + 5 = \boxed{}$

$8 - 2 = \boxed{}$

$5 + 3 = \boxed{}$

$7 - 3 = \boxed{}$

$9 - 2 = \boxed{}$

$3 + 6 = \boxed{}$

$8 - 6 = \boxed{}$

$1 + 5 = \boxed{}$

$7 - 1 = \boxed{}$

$4 + 4 = \boxed{}$

미로를 따라 ◯ 안에 알맞은 수를 쓰세요.

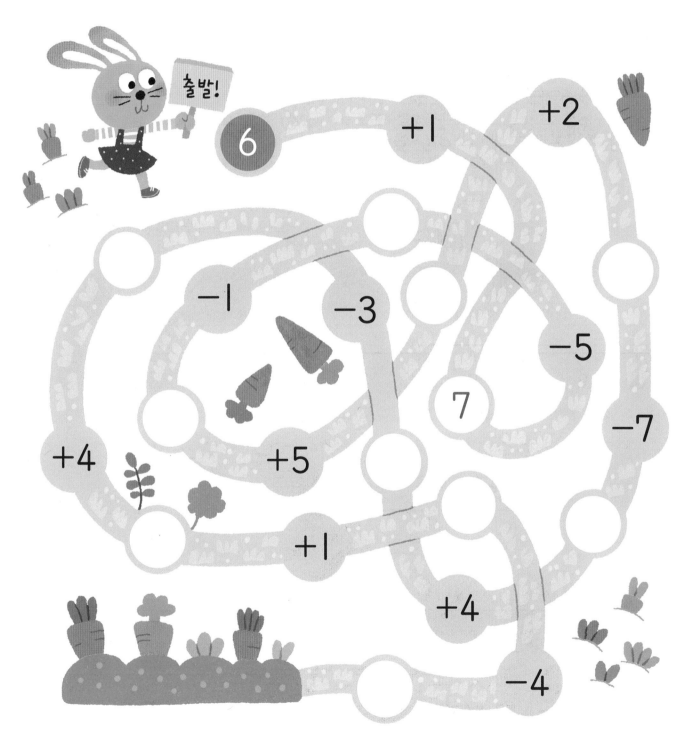

❶ 식을 모두 계산하고 ➡ ❷ 크기를 비교하세요.

계산 결과가 **더 큰** 식을 찾아 ◯표 하세요.

$$2 + 1 \quad \vdots \quad 8 - 2$$

잠깐!

계산 결과는 덧셈이나 뺄셈을 해서 나온 값을 말해요.
먼저 더하기나 빼기를 해서 식을 계산하고,
나온 두 결과의 크기를 비교하세요.

계산하기 ▶ $2 + 1 = \boxed{3}$, $8 - 2 = \boxed{}$

비교하기 ▶

0   **3**   5   10

뺄셈식의 계산 결과를 수직선에 나타내자.
어느 수가 더 오른쪽에 있지?

답 ▶

$$2 + 1 \quad \vdots \quad \boxed{8 - 2}$$

식 위에
동그라미를 그리자.

덧셈, 뺄셈을 하거나 수의 크기를 비교하는 것처럼 한 가지만 해결하면 되는 문제에서 한 걸음 더 나아가 두 가지 단계를 모두 해결해야 하는 과정이 있는 문제입니다. 문제를 보고 단계를 밟아 차근차근 해결하면 어렵지 않으므로 이런 유형의 문제를 한번 경험해 보세요.

❶ 식을 모두 계산하고 ➡ ❷ 크기를 비교하세요.

계산 결과가 **더 작은 식**을 찾아 ◯표 하세요.

문제 위에 바로 표시하자!

$$7 - 4 \quad \vdots \quad 1 + 3$$

계산하기 $7 - 4 = \boxed{}$, $1 + 3 = \boxed{}$

비교하기

```
0           5           10
```

계산 결과가 **가장 큰 식**을 찾아 ◯표 하세요.

$$1 + 5 \quad \vdots \quad 6 - 2 \quad \vdots \quad 4 + 4$$

계산하기 $1 + 5 = \boxed{}$, $6 - 2 = \boxed{}$, $4 + 4 = \boxed{}$

비교하기

```
0           5           10
```

2권의 학습이 끝났습니다.
기억에 남는 내용을
자유롭게 기록해 보세요.

3권에서
만나요!

한 눈에 보는 정답

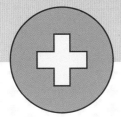

9 단계 2~9 모으기 가르기 ❶

1일 8~9쪽

한 손의 손가락은 5개예요. 손가락을 보고 빈 곳에 알맞은 수를 쓰세요.

2	3
4	1
3	2
1	4

펼친 손가락이 모두 5개가 되도록 알맞은 스티커를 붙이고 수를 쓰세요.

2	3		1	4
3	2		4	1
0	5		2	3

2일 10~11쪽

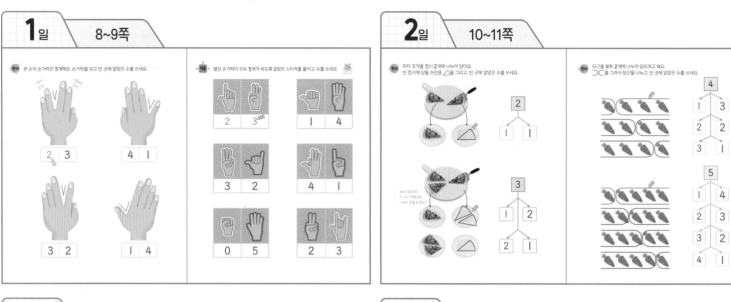

3일 12~13쪽

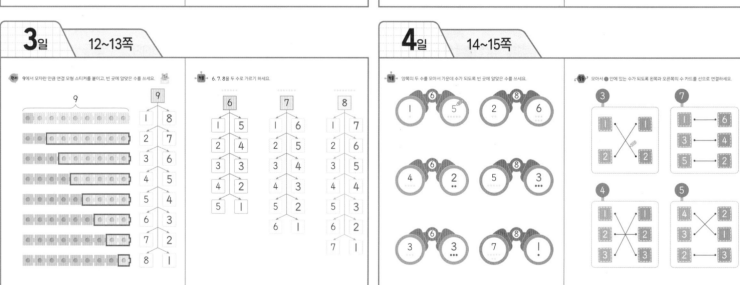

4일 14~15쪽

양쪽의 두 수를 모아서 가운데 수가 되도록 빈 곳에 알맞은 수를 쓰세요.

모아서 ● 안에 있는 수가 되도록 왼쪽과 오른쪽의 수 카드를 선으로 연결하세요.

5일 16~17쪽

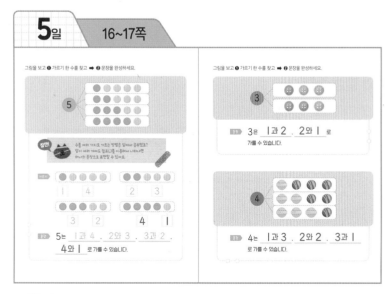

그림을 보고 ❶ 가르기 한 수를 찾고 ➡ ❷ 문장을 완성하세요.

3은 1과 2 , 2와 1 로
가를 수 있습니다.

4는 1과 3 , 2와 2 , 3과 1
로 가를 수 있습니다.

1일 20~21쪽

위의 두 칸에 공을 넣으면 아래 칸에서 모여요. 모인 공의 수만큼 빈 곳에 ○을 그리세요.

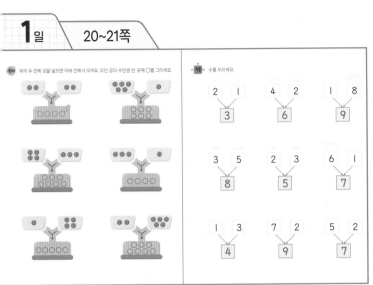

수를 모으세요.

2	1		4	2		1	8
3			**6**			**9**	

3	5		2	3		6	1
8			**5**			**7**	

1	3		7	2		5	2
4			**9**			**7**	

2일 22~23쪽

위 칸에 공을 넣어 아래 두 칸으로 나뉘어요. 나뉜 공의 수만큼 빈 곳에 ○을 그리세요.

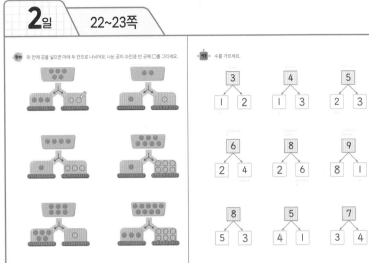

수를 가르세요.

3			4			5	
1	2		1	3		2	3

6			8			9	
2	4		2	6		8	1

8			5			7	
5	3		4	1		3	4

3일 24~25쪽

위의 두 수만큼 구슬을 모아요 ○를 그리고, 빈 곳에 알맞은 수를 쓰세요.

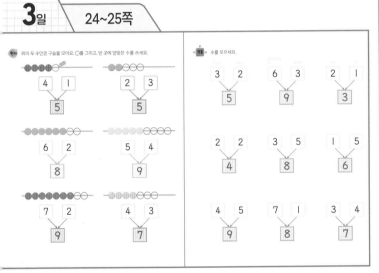

4	1		2	3
5			**5**	

6	2		5	4
8			**9**	

7	2		4	3
9			**7**	

수를 모으세요.

3	2		6	3		2	1
5			**9**			**3**	

2	2		3	5		1	5
4			**8**			**6**	

4	5		7	1		3	4
9			**8**			**7**	

4일 26~27쪽

위의 수를 아래 두 수로 갈라요. / 을 그려 구슬을 나누고, 빈 곳에 알맞은 수를 쓰세요.

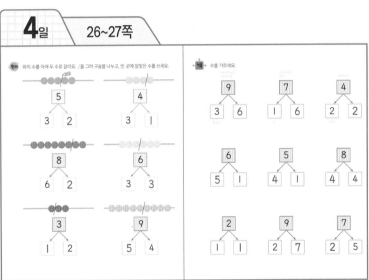

5			4	
3	2		3	1

8			6	
6	2		3	3

3			9	
1	2		5	4

수를 가르세요.

9			7			4	
3	6		1	6		2	2

6			5			8	
5	1		4	1		4	4

2			9			7	
1	1		2	7		2	5

5일 28~29쪽

문제를 잘 읽고 ❶ 번호마다 모으기를 하고 ➡ ❷ 문제에 맞는 답을 찾으세요.

두 수를 모아서 8이 되는 것은 어느 것일까요?
① 5와 4   ② 4와 1   ③ 2와 7   ④ 3과 5

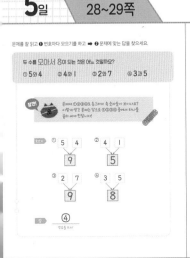

① 5	4		② 4	1
9			**5**	

③ 2	7		④ 3	5
9			**8**	

답 ④

문제를 잘 읽고 ❶ 번호마다 모으기를 하고 ➡ ❷ 문제에 맞는 답을 찾으세요.

두 수를 모아서 6이 되지 않는 것은 어느 것일까요?
① 2와 4   ② 1과 5   ③ 5와 2   ④ 3과 3

① 2	4		② 1	5		③ 5	2		④ 3	3
6			**6**			**7**			**6**	

답 ③

9를 가르기 한 것은 무엇일까요?
① 3과 4   ② 4와 5   ③ 1과 7   ④ 6과 2

① 3	4		② 4	5		③ 1	7		④ 6	2
7			**9**			**8**			**8**	

답 ②

1일 32~33쪽

손가락 인형은 모두 몇 개일까요? 스티커를 붙이면서 알아보세요.

$$4 + 2 = 6$$

$$6 + 3 = 9$$

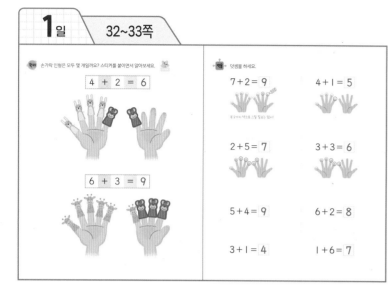

덧셈을 하세요.

$7+2=9$ $4+1=5$

$2+5=7$ $3+3=6$

$5+4=9$ $6+2=8$

$3+1=4$ $1+6=7$

2일 34~35쪽

사탕은 모두 몇 개일까요? ○를 그리고, 덧셈을 하세요.

$$1 + 3 = 4$$

$$3 + 5 = 8$$

$$7 + 1 = 8$$

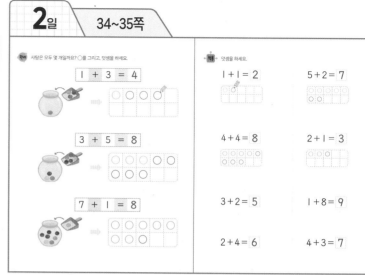

덧셈을 하세요.

$1+1=2$ $5+2=7$

$4+4=8$ $2+1=3$

$3+2=5$ $1+8=9$

$2+4=6$ $4+3=7$

3일 36~37쪽

더하는 수만큼 연결 모형을 더 색칠하고, 덧셈을 하세요.

$5+1=6$

$6+2=8$

$3+4=7$

$4+3=7$

$1+7=8$

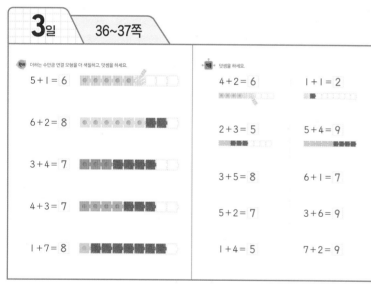

덧셈을 하세요.

$4+2=6$ $1+1=2$

$2+3=5$ $5+4=9$

$3+5=8$ $6+1=7$

$5+2=7$ $3+6=9$

$1+4=5$ $7+2=9$

4일 38~39쪽

수 모으기를 하고, 덧셈을 하세요.

| 3 | 1 |
| 4 | |

$3+1=4$

| 2 | 4 |
| 6 | |

$2+4=6$

| 5 | 2 |
| 7 | |

$5+2=7$

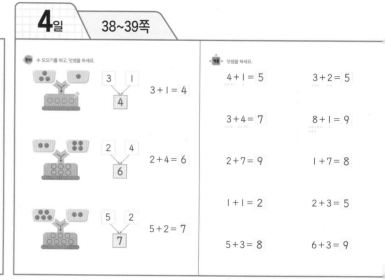

덧셈을 하세요.

$4+1=5$ $3+2=5$

$3+4=7$ $8+1=9$

$2+7=9$ $1+7=8$

$1+1=2$ $2+3=5$

$5+3=8$ $6+3=9$

5일 40~41쪽

문제를 읽은 다음 ❶ 식을 쓰고 ➡ ❷ 답을 구하세요.

두 수의 합을 구하세요.

| 3 | 6 |

'3과 6의 합' = '3 더하기 6'

$3 + 6 = 9$

두 수의 합은 ___9___ 입니다.

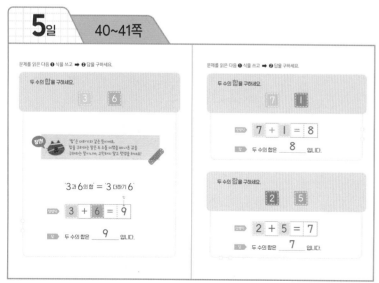

문제를 읽은 다음 ❶ 식을 쓰고 ➡ ❷ 답을 구하세요.

두 수의 합을 구하세요.

| 7 | 1 |

$7 + 1 = 8$

두 수의 합은 ___8___ 입니다.

두 수의 합을 구하세요.

| 2 | 5 |

$2 + 5 = 7$

두 수의 합은 ___7___ 입니다.

12 단계 9까지의 덧셈 ❷

1일 44~45쪽

도미노에서 점의 수를 세고, 덧셈을 하세요.

$1+1=2$

$4+3=7$

$5+2=7$

$2+4=6$

$4+1=5$

$3+5=8$

덧셈을 하세요.

$1+4=5$ $3+6=9$

$2+3=5$ $4+4=8$

$3+1=4$ $2+6=8$

$7+2=9$ $1+6=7$

$5+1=6$ $6+3=9$

2일 46~47쪽

수직선에 뛰어 세는 화살표를 그리고, 덧셈을 하세요.

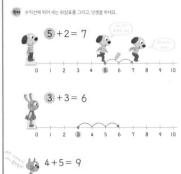

$5+2=7$

$3+3=6$

$4+5=9$

덧셈을 하세요.

$3+2=5$ $5+4=9$

$6+2=8$ $1+3=4$

$2+1=3$ $4+2=6$

$7+1=8$ $3+4=7$

$5+3=8$ $8+1=9$

3일 48~49쪽

수직선에 뛰어 세는 화살표를 그리고, 덧셈을 하세요.

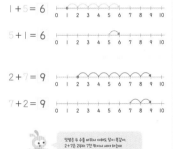

$1+5=6$

$5+1=6$

$2+7=9$

$7+2=9$

두 수를 바꾸어 덧셈을 하세요.

$1+8$
$8+1=9$

$3+5$
$5+3=8$

$2+6$
$6+2=8$

$1+4$
$4+1=5$

$3+6$
$6+3=9$

$2+5$
$5+2=7$

4일 50~51쪽

화살표를 잘 보고 덧셈을 하세요.

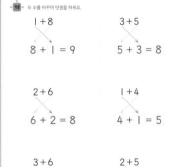

$4+1=5$
$4+2=6$
$4+3=7$
$4+4=8$
$4+5=9$

$4+1=5$
$5+1=6$
$6+1=7$
$7+1=8$
$8+1=9$

$1+5=6$
$2+4=6$
$3+3=6$
$4+2=6$
$5+1=6$

$6+2=8$
$5+3=8$
$4+4=8$
$3+5=8$
$2+6=8$

덧셈하여 알맞게 색칠하고, 제목을 지어주세요.

④ ⑤ ⑥ ⑦ ⑧ ⑨

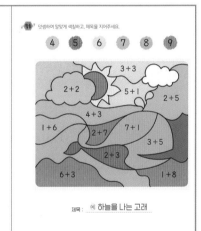

제목 : 예 하늘을 나는 고래

5일 52~53쪽

문제를 읽은 다음 ❶ 덧셈식을 세우고 ➡ ❷ 답을 구하세요.

초코 맛 과자 6개와 딸기 맛 과자 2개가 있습니다. 과자는 모두 몇 개일까요?

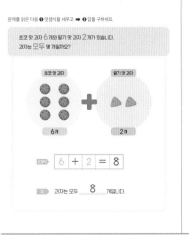

식 $6+2=8$

답 과자는 모두 8 개입니다.

문제를 읽은 다음 ❶ 덧셈식을 세우고 ➡ ❷ 답을 구하세요.

물고기 1마리가 있는 어항에 물고기 4마리를 더 넣었습니다. 어항 속 물고기는 모두 몇 마리일까요?

덧셈식 $1+4=5$

답 물고기는 모두 5 마리입니다.

책장에 동화책이 5권 있고, 위인전은 동화책보다 3권 더 많습니다. 위인전은 몇 권일까요?

덧셈식 $5+3=8$

답 위인전은 8 권입니다.

정답 107

1일 56~57쪽

원리 손가락에 끼운 고깔 과자 중에서 몇 개를 먹었어요. 남은 과자는 몇 개일까요?

$$6 - 2 = 4$$

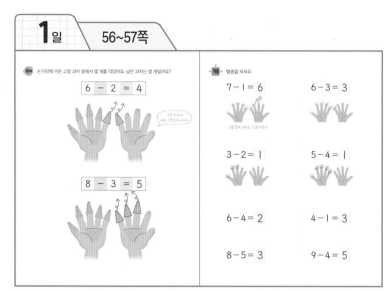

적용 뺄셈을 하세요.

$$7 - 1 = 6 \qquad 6 - 3 = 3$$

$$3 - 2 = 1 \qquad 5 - 4 = 1$$

$$6 - 4 = 2 \qquad 4 - 1 = 3$$

$$8 - 5 = 3 \qquad 9 - 4 = 5$$

2일 58~59쪽

원리 남은 달걀은 몇 개일까요? 깨진 만큼 달걀에 비둘배둘 선을 긋고, 뺄셈을 하세요.

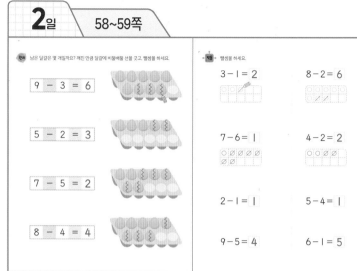

$$9 - 3 = 6$$
$$5 - 2 = 3$$
$$7 - 5 = 2$$
$$8 - 4 = 4$$

적용 뺄셈을 하세요.

$$3 - 1 = 2 \qquad 8 - 2 = 6$$

$$7 - 6 = 1 \qquad 4 - 2 = 2$$

$$2 - 1 = 1 \qquad 5 - 4 = 1$$

$$9 - 5 = 4 \qquad 6 - 1 = 5$$

3일 60~61쪽

원리 빼는 수만큼 연결 모형을 ✕로 지우고, 뺄셈을 하세요.

$$4 - 1 = 3$$
$$7 - 2 = 5$$
$$6 - 4 = 2$$
$$8 - 5 = 3$$
$$9 - 8 = 1$$

적용 뺄셈을 하세요.

$$8 - 3 = 5 \qquad 6 - 1 = 5$$

$$3 - 2 = 1 \qquad 5 - 4 = 1$$

$$9 - 3 = 6 \qquad 6 - 5 = 1$$

$$4 - 3 = 1 \qquad 7 - 1 = 6$$

$$9 - 7 = 2 \qquad 8 - 6 = 2$$

4일 62~63쪽

원리 수 가르기를 하고, 뺄셈을 하세요.

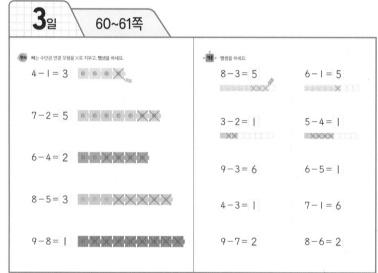

$$3 - 1 = 2$$
$$7 - 2 = 5$$
$$5 - 3 = 2$$

적용 뺄셈을 하세요.

$$4 - 1 = 3 \qquad 5 - 2 = 3$$

$$7 - 4 = 3 \qquad 9 - 1 = 8$$

$$8 - 3 = 5 \qquad 6 - 2 = 4$$

$$7 - 5 = 2 \qquad 9 - 6 = 3$$

$$8 - 6 = 2 \qquad 2 - 2 = 0$$

5일 64~65쪽

문제를 읽은 다음 ❶ 더 큰 수를 찾고 ➡ ❷ 식을 쓰고 ➡ ❸ 답을 구하세요.

두 수의 차를 구하세요.

| 3 | 6 |

참깐 '차'는 빼기와 같은 뜻이에요. 차를 구하라는 말은 두 수가 얼마나 차이나는지 구하라는 뜻이니까 고민하지 말고 큰 수에서 작은 수를 빼세요!

❶ 6은 3보다 (큽니다, 작습니다).
→ 3과 6의 차= '6 빼기 3'

❷ $6 - 3 = 3$

❸ 두 수의 차는 __3__ 입니다.

문제를 읽은 다음 ❶ 더 큰 수를 찾아 식을 쓰고 ➡ ❷ 답을 구하세요.

두 수의 차를 구하세요.

| 7 | 1 |

❶➋ $7 - 1 = 6$

❸ 두 수의 차는 __6__ 입니다.

두 수의 차를 구하세요.

| 2 | 5 |

❶➋ $5 - 2 = 3$

❸ 두 수의 차는 __3__ 입니다.

14 단계 9까지의 뺄셈 ❷

1일 68~69쪽

$4 - 3 = 1$

$5 - 2 = 3$

$3 - 1 = 2$

수에 맞게 ◯를 색칠하고, 짝을 지어 뺄셈을 하세요.

$5 - 3 = 2$ $4 - 1 = 3$

$6 - 5 = 1$ $8 - 2 = 6$

$7 - 4 = 3$ $9 - 8 = 1$

$5 - 1 = 4$ $6 - 3 = 3$

2일 70~71쪽

수직선에 뛰어 세는 화살표를 그리고, 뺄셈을 하세요.

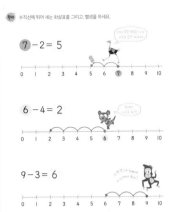

$7 - 2 = 5$

$6 - 4 = 2$

$9 - 3 = 6$

뺄셈을 하세요.

$6 - 2 = 4$ $9 - 4 = 5$

$8 - 6 = 2$ $7 - 4 = 3$

$5 - 4 = 1$ $8 - 1 = 7$

$7 - 5 = 2$ $4 - 2 = 2$

$9 - 5 = 4$ $3 - 2 = 1$

3일 72~73쪽

□ 안에 수를 쓰고, 계단을 내려가는 화살표를 그리면서 뺄셈을 하세요.

10 9 8 7 6 5 4 3 2 1 0

$5 - 3 = 2$ $8 - 2 = 6$

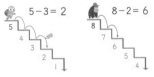

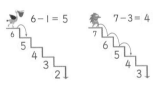
$6 - 1 = 5$ $7 - 3 = 4$

뺄셈을 하세요.

$9 - 4 = 5$ $3 - 1 = 2$

$8 - 5 = 3$ $7 - 2 = 5$

$5 - 1 = 4$ $8 - 6 = 2$

$7 - 4 = 3$ $9 - 8 = 1$

$8 - 4 = 4$ $3 - 3 = 0$

4일 74~75쪽

화살표를 잘 보고 뺄셈을 하세요.

$9 - 1 = 8$ $9 - 1 = 8$
$9 - 2 = 7$ $8 - 1 = 7$
$9 - 3 = 6$ $7 - 1 = 6$
$9 - 4 = 5$ $6 - 1 = 5$
$9 - 5 = 4$ $5 - 1 = 4$

$3 - 1 = 2$ $9 - 5 = 4$
$4 - 2 = 2$ $8 - 4 = 4$
$5 - 3 = 2$ $7 - 3 = 4$
$6 - 4 = 2$ $6 - 2 = 4$
$7 - 5 = 2$ $5 - 1 = 4$

뺄셈을 하고, 알맞은 전기 코드를 찾아 답을 쓰세요.

6-2   8-5   7-1   9-7

3   6   2   4

5일 76~77쪽

문제를 읽은 다음 ❶ 뺄셈식을 세우고 → ❷ 답을 구하세요.

바구니에 복숭아가 5개, 토마토가 4개 있습니다.
복숭아는 토마토보다 몇 개 더 많을까요?

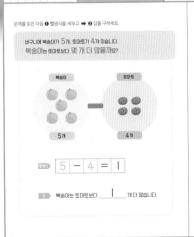

$5 - 4 = 1$

복숭아는 토마토보다 ___1___ 개 더 많습니다.

문제를 읽은 다음 ❶ 뺄셈식을 세우고 → ❷ 답을 구하세요.

풍선 7개 중에서 2개가 터졌습니다.
남은 풍선은 몇 개일까요?

$7 - 2 = 5$

남은 풍선은 ___5___ 개입니다.

색종이 9장 중에서 6장으로 종이비행기를 접었습니다.
남은 색종이는 몇 장일까요?

$9 - 6 = 3$

남은 색종이는 ___3___ 장입니다.

15 단계 덧셈식과 뺄셈식

1일 80~81쪽

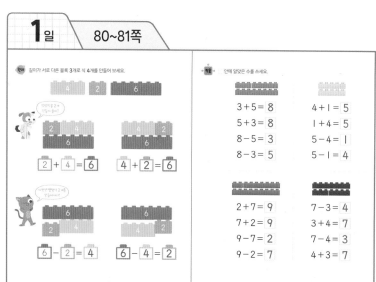

2일 82~83쪽

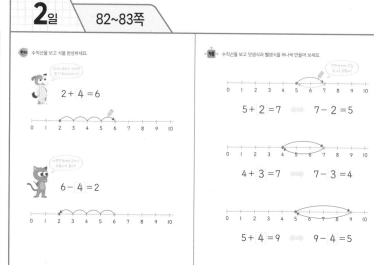

3일 84~85쪽

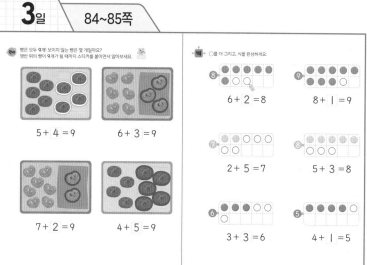

4일 86~87쪽

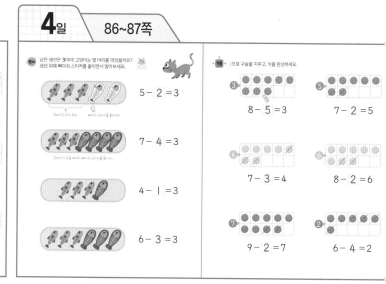

5일 88~89쪽

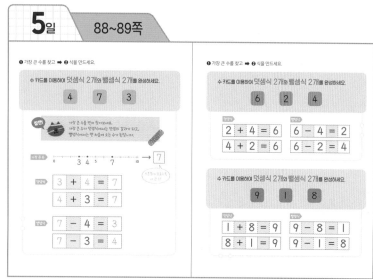

16 단계 덧셈과 뺄셈 종합

1일 92~93쪽

원리 +, − 기호를 잘 살펴보면서 덧셈과 뺄셈을 하세요.

$5+4=9$
$5-4=1$

$4+2=6$
$4-2=2$

$3+1=4$
$3-1=2$

$6+3=9$
$6-3=3$

$4+3=7$
$4-3=1$

$5+2=7$
$5-2=3$

적용 덧셈과 뺄셈을 하세요.

$5-3=2$ $7+2=9$

$6+1=7$ $9-1=8$

$1+8=9$ $2+6=8$

$7-4=3$ $3+4=7$

$9-7=2$ $6-5=1$

2일 94~95쪽

원리 +일까요, −일까요? 상자를 보고 알맞은 기호에 색칠하세요.

$6 \to \boxed{+\atop-} 2 \to 8$ $5 \to \boxed{+\atop-} 4 \to 9$

$8 \to \boxed{+\atop-} 2 \to 6$ $5 \to \boxed{+\atop-} 1 \to 4$

$7 \to \boxed{+\atop-} 2 \to 5$ $4 \to \boxed{+\atop-} 3 \to 7$

$6 \to \boxed{+\atop-} 3 \to 9$ $8 \to \boxed{+\atop-} 1 \to 7$

적용 안에 +, − 중에서 알맞은 기호를 쓰세요.

$8-4=4$ $6-1=5$

$5+3=8$ $7+2=9$

$1-1=0$ $3+4=7$

$1+6=7$ $6-2=4$

$9-1=8$ $4+4=8$

3일 96~97쪽

적용 덧셈과 뺄셈을 하세요.

$9-1=8$ $3+5=8$

$4+3=7$ $7-5=2$

$8+1=9$ $1+6=7$

$7-4=3$ $8-3=5$

$2+4=6$ $9-4=5$

적용 덧셈뺄셈 퍼즐입니다. 빈 곳에 알맞은 수를 쓰세요.

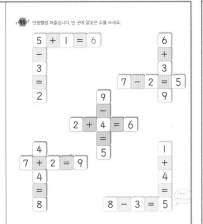

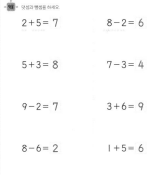

$5+1=6$
$-$
3
$=$
2

$6+3=9$

$7-2=5$

9
$-$
$2+4=6$
$=$

4
$7+2=9$
4
8

$8-3=5$

4일 98~99쪽

적용 덧셈과 뺄셈을 하세요.

$2+5=7$ $8-2=6$

$5+3=8$ $7-3=4$

$9-2=7$ $3+6=9$

$8-6=2$ $1+5=6$

$7-1=6$ $4+4=8$

적용 미로를 따라 안에 알맞은 수를 쓰세요.

출발!

6 $+1$ $+2$

2 2 8
-1 6 -3 -5

1 7 -7
$+4$ $+5$ 5

6 7 1
$+1$

$+4$

3 -4

5일 100~101쪽

❶ 식을 모두 계산하고 ➡ ❷ 크기를 비교하세요.

계산 결과가 더 큰 식을 찾아 ○표 하세요.

$\boxed{2+1}$ $\boxed{8-2}$

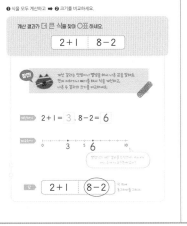

$2+1=3$ $8-2=6$

0 ——— 3 — 6 — 10

$2+1$ $\boxed{8-2}$

❶ 식을 모두 계산하고 ➡ ❷ 크기를 비교하세요.

계산 결과가 더 작은 식을 찾아 ○표 하세요.

$\boxed{7-4}$ $1+3$

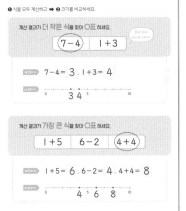

$7-4=3$ $1+3=4$

0 ——— 3 4 ——— 10

계산 결과가 가장 큰 식을 찾아 ○표 하세요.

$1+5$ $6-2$ $\boxed{4+4}$

$1+5=6$ $6-2=4$ $4+4=8$

0 ——— 4 6 8 — 10

기적학습연구소

"혼자서 작은 산을 넘는 아이가 나중에 큰 산도 넘습니다"

본 연구소는 아이들이 스스로 큰 산까지 넘을 수 있는 힘을 키워 주고자 합니다.
아이들의 연령에 맞게 학습의 산을 작게 설계하여 혼자서 넘을 수 있다는 자신감을 심어 주고,
때로는 작은 고난도 경험하게 하여 가슴 벅찬 성취감을 느끼게 합니다.
국어, 수학, 유아 분과의 학습 전문가들이 아이들에게 실제로 적용해서 검증하며 차근차근 책을 출간합니다.

아이가 주인공인 기적학습연구소의 대표 저작물
-수학과:⟨기적의 계산법⟩, ⟨기적의 계산법 응용UP⟩, ⟨툭 치면 바로 나오는 기적특강 구구단⟩, ⟨딱 보면 바로 아는 기적특강 시계보기⟩외 다수
-국어과:⟨30일 완성 한글 총정리⟩, ⟨기적의 독해력⟩, ⟨기적의 독서 논술⟩, ⟨맞춤법 절대 안 틀리는 기적특강 받아쓰기⟩외 다수

기적의 계산법 예비초등 2권

초판 발행 · 2023년 11월 15일
초판 3쇄 발행 · 2024년 6월 12일

지은이 · 기적학습연구소
발행인 · 이종원
발행처 · 길벗스쿨
출판사 등록일 · 2006년 7월 1일
주소 · 서울시 마포구 월드컵로 10길 56 (서교동) | **대표 전화** · 02)332-0931 | **팩스** · 02)333-5409
홈페이지 · school.gilbut.co.kr | **이메일** · gilbut@gilbut.co.kr

기획 · 김미숙(winnerms@gilbut.co.kr) | **편집진행** · 이선진, 이선정
영업마케팅 · 문세연, 박선경, 박다슬 | **웹마케팅** · 박달님, 이재윤, 이지수, 나혜연
제작 · 이준호, 손일순, 이진혁 | **영업관리** · 김명자, 정경화 | **독자지원** · 윤정아
디자인 · 더다츠 | **삽화** · 김쟁, 류은형, 전진희
전산편집 · 글사랑 | **CTP출력 · 인쇄** · 교보피앤비 | **제본** · 신정문화사

ISBN 979-11-6406-594-3 64410
(길벗 도서번호 10878)

정가 9,000원

독자의 1초를 아껴주는 정성 길벗출판사

길벗스쿨 | 국어학습서, 수학학습서, 유아콘텐츠유닛, 주니어어학, 어린이교양, 교과서, 길벗스쿨콘텐츠유닛
길벗 | IT실용서, IT/일반 수험서, IT전문서, 경제실용서, 취미실용서, 건강실용서, 자녀교육서
더퀘스트 | 인문교양서, 비즈니스서

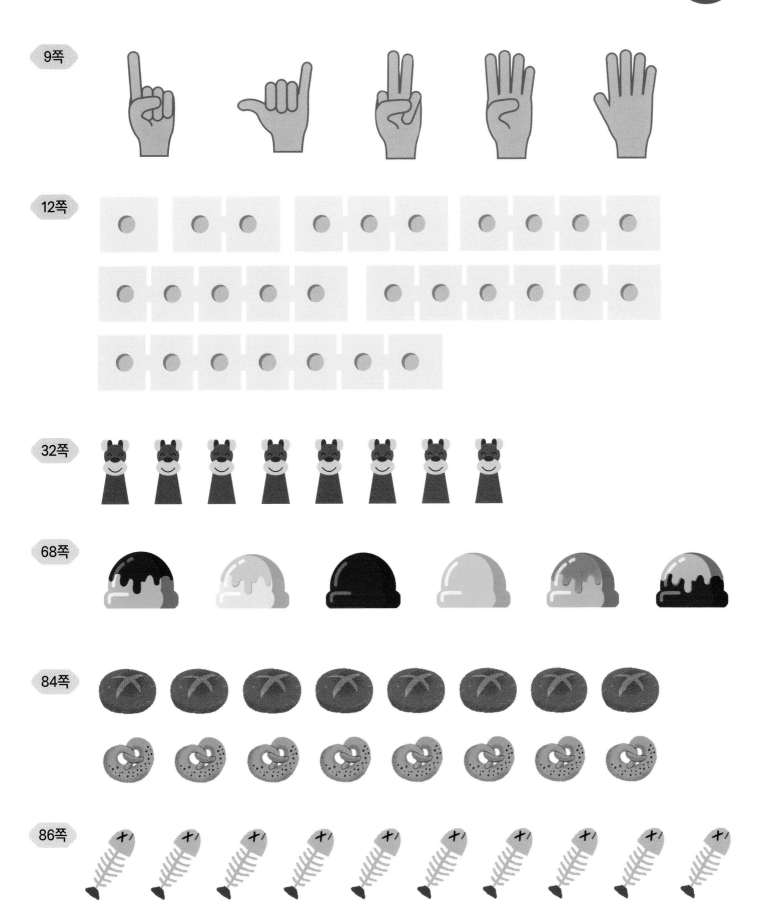

9쪽

12쪽

32쪽

68쪽

84쪽

86쪽